Hans Emge · Wie werde ich Unternehmer?

P H
V

Hans Emge

Wie werde ich Unternehmer?

GIK-Businessguide
Existenzgründung und Selbständigkeit

PETER HAMMER VERLAG
Eine Edition des Gestalt-Instituts Köln
GIK Bildungswerkstatt

*Völlig neu bearbeitete
Ausgabe des zuerst 1985
erschienenen Buches.*

Umschlaggestaltung:
Magdalene Krumbeck
Herausgeber *der
Edition GIK im
Peter Hammer Verlag:
Anke und Erhard Doubrawa*
Satz: *Edition GIK-
Buchproduktion, Köln*
Druck: *AALEXX Druck
GmbH, Großburgwedel*
ISBN 978-3-7795-0167-1
www.peter-hammer-verlag.de

INHALTS-VERZEICHNIS

Anlagen:

Früherkennungstest für Gründer

Bürokratie-Überblick

Liquiditätsrechnung

Gliederung Businessplan

Phasen einer Gründung

Phasen einer Pleite

Begriffsregister

Dieses Buch macht Mut zu Existenzgründung und Selbständigkeit. Doch wohl nicht so, wie man es zuerst vielleicht erwartet. Nein, es ermutigt nicht unkritisch. Es fordert vielmehr heraus und stärkt auf diese Weise. Es macht Mut und macht kräftiger.

Hans Emge – klarer Blick, reiche Erfahrung, freche Zunge, Herz am richtigen Fleck.

Wir freuen uns sehr, dass die völlig neu bearbeitete Ausgabe des berühmt-berüchtigten Klassikers „Wie werde ich Unternehmer?" von Hans Emge in unserer Edition GIK im Peter Hammer Verlag erscheinen kann.

Die nun schon über ein Viertel Jahrhundert während Erfolgsgeschichte des „Gestalt-Instituts Köln GIK" ist eng mit diesem Buch verbunden. Es stand am Beginn unserer Selbständigkeit. Nein, die frische und freche Schreibe von Hans Emge hat uns nicht davon abgehalten, uns auf den Weg in die Unabhängigkeit zu machen.

Es ist eher sogar noch so gewesen: Dieses Buch hat uns gestärkt. Es hatte einen erheblichen Trainingseffekt.

Hans Emge versteht es, einen schon beim Lesen den frischen Wind der Selbständigkeit spüren zu lassen. Frischer Wind ist immer gut, werden Sie vielleicht denken. Naja. Es ist mehr. Es ist auch der Gegenwind. Und: Stürmisch geht's auf dem Markt zu.

Das Lesen ist fast schon die Begegnung mit den Realzuständen. Wer da schon zusammenzuckt, der sollte sich erst gar nicht auf den Weg dorthin machen. Auch dann hat sich das Buch für

VORWORT DER HERAUSGEBER

„Ist dieses Buch zu stark, bist du zu schwach!" (frei nach „Fischerman's Friend")

ihn schon gelohnt: Das spart Zeit und Geld und Schäden an Leib und Seele.

Selbständigkeit ist klasse. Wir lieben unsere Freiheit. Aber – Selbständigkeit ist nicht für Jedermann und Jedefrau. Der Wind auf dem Markt weht scharf. Das Buch ist wie eine Eichprobe für den Leser. Wenn er es überlebt – die unbeschönigende und realitätsnahe Schreibe von Hans Emge – und sich immer noch auf diesen Weg machen will, dann geht er gestärkt aus der Lektüre hervor.

Schon vor Jahren haben wir im „Gestalt-Institut Köln GIK" begonnen, Seminare mit Hans Emge zu Existenzgründung und Selbständigkeit anzubieten. Für den, der nach der Lektüre dieses Buches immer noch diesen Weg einschlagen will: Infos zu den Seminaren mit Hans Emge gibt's am Ende des Buches.

Hans Emge ist so, wie er in diesem Buch klingt. Das turnt diejenigen unmittelbar ab, die Selbstständigkeit romantisieren und schönfärben. Er reißt einem förmlich die rosa Brille von der Nase.

Wer nicht nur dieses Buch überlebt, sondern auch noch diese Seminare, der hat dann wirklich gute Chancen auf dem freien Markt.

Viel Erfolg!

Anke und Erhard Doubrawa
Gestalt-Institut Köln GIK
www.gestalt.de

1.1. Der kleine, feine Unterschied

Es sind zwei sehr unterschiedliche Motive, die Gründer in die Selbständigkeit bringen: **Lust** und **Not**. Und ebenso unterschiedlich sind auch die Chancen.

Der **Lustgründer** hat einen Traum: Unabhängigkeit, Freiheit, Selbstbestimmung. Sein Angestelltendasein empfindet er als trist, öde, quälend. Er kennt die Risiken und nimmt sie in Kauf, denn er weiß: Ich kann es besser und werde es besser machen. Und: Nie mehr unter unfähigen Vorgesetzten leiden.

Kurz: Er springt freiwillig und motiviert in sein neues Leben. Dafür bekommt er von seiner Umwelt zu hören: „Du bist verrückt!"

Der **Notgründer** dagegen springt nicht freiwillig, sondern wird mehr oder weniger sanft gestoßen. Gerne wäre oder bliebe er Angestellter, denn er liebt die Sicherheit und hat auch wenige Probleme damit, sich unterzuordnen. Aber irgendwas ging schief: falsche Branche, falsche Firma, falsche Ausbildung, falsches Alter. Und seine Chancen auf eine neue Stelle sind daher erbärmlich. Letzter Ausweg vor Hartz IV: Selbständigkeit. Er handelt aus einem Alptraum heraus. Doch die Erfahrung lehrt: Not ist ein schlechter Ratgeber. Und geht es gar um Langzeitarbeitslose, so sind die Erfolgschancen ähnlich hoch wie in der Drogentherapie.

A. SOLL ICH MICH SELBSTÄNDIG MACHEN?

1. SPRINGEN ODER FALLEN?

Beispiel:
Wir führen Gründerkurse für Mitarbeiter von Unternehmen durch, die Arbeitsplätze abbauen. Doch während die einen der Abfindung und einem Neustart geradezu entgegenfiebern, meinen andere: „Ich bleibe, so lange es geht."
Das beobachtbare Ergebnis: Die schnellen Gründer sind häufig erfolgreich, während die späten – so sie die Früh-Verrentung nicht schaffen – eher bei Hartz IV landen.

1.2. Was hält von der Gründung ab?

Deutsche gründen vergleichsweise selten ein Unternehmen. Fragt man die Experten, warum das so ist, bekommt man die übliche Litanei zur Antwort: mangelndes Kapital, mangelndes Wissen, mangelnde Marktchancen. Und daraus erwachsen die üblichen Forderungen an Volk und Staat.

Doch die Wahrheit ist bitterer: Eine Studie des Gründungsmonitors brachte es 2003 an den Tag: Angst! In keinem vergleichbaren Land der Welt ist die Angst zu Scheitern derart hoch wie in Deutschland. Deutsch sein heißt Angst haben. Doch Angst lässt sich nicht heilen, weder durch Wissen, Geld, noch gute Worte. Und so erleben wir, dass selbst Menschen, die wahrlich nichts mehr zu verlieren haben, lieber arbeitslos bleiben, als die Chance in der Gründung zu suchen.

1.3. Gründung als Spiel

Welch böser Gedanke! Klingt ja fast wie Gottesdienst als Event. Aber warum bitte nicht? Jeder kann doch den Einsatz selbst bestimmen: den Einsatz an Geld, den Einsatz an Zeit. Volles Risiko oder risikoreduzierte Gründung? Hauptberuflich oder nebenberuflich als Test? Eines werden alle erleben, die es wagen: eine neue Welt, die extrem fordert, aber auch unglaublich jung hält. Man vergleiche nur einen 60-jährigen Beamten mit einem 60-jährigen Unternehmer. Woran das liegt? Nun, ein Gründer erlebt in einem Jahr Selbständigkeit mehr, als die meisten Angestellten in fünf oder zehn Jahren. Und Erlebnisse halten jung. Routine dagegen macht alt.

Wen die Herausforderung reizt, der sollte Unternehmer werden. Für die Anderen gibt es noch andere Chancen. Weiterlesen kann also lohnen.

1.4. Von Gründern und Gründerinnen

Männer gründen mutiger, aber auch übermütiger. Entsprechend haben sie die größeren Erfolge, legen aber auch die richtig heftigen Pleiten hin. Ihre Vorbereitung entspricht häufig nicht ihren angestrebten Betriebsgrößen, sondern eher ihrem Selbstbewusstsein.

Die Aufgabe des Beraters ist es, die hochtrabenden Pläne auf das realisierbare herunterzuholen und die Kerle zum Arbeiten zu bringen.

Bei **Frauen** ist es im Regelfall umgekehrt: Ihre Gründungen sind von Anbeginn an viel besser vorbereitet und auch viel ernsthafter angelegt als Männergründungen. Frauen überlegen länger und sind risikoscheuer. Nur bestimmte Frauentypen wagen es überhaupt, zu gründen, weit eingeschränkter als bei Männern. Frauen scheitern seltener, aber der große Durchbruch bleibt ihnen meist verwehrt. Sie streben ihn aber auch weit seltener an als Männer. Bei ihnen verhindert der Realitätssinn die große Vision. Wichtiger Indikator für ihre Angst ist ihre Abneigung gegenüber Krediten.

Das Ergebnis: Häufig dauerhaft vom eigenen Fleiß abhängige Kleinstunternehmen, Body-Selling also.

Die Aufgabe des Beraters: Die Gründungsgröße über die Hungerexistenz zu heben.

Und wie sieht es mit der partnerschaftlichen Unterstützung aus?

In den allermeisten Fällen steht die Frau der Gründungsabsicht des Mannes sehr skeptisch gegenüber. Misstrauen hinsichtlich seiner Fähigkeit zur Gründung paart sich mit der Angst vor dem gemeinsamen Ruin. Bietet sich für ihn alternativ eine lukrativ bezahlte „sichere" Anstellung, wird sie Himmel und Hölle in Bewegung setzen, um ihn am Sprung zu hindern. Springt er dann trotzdem, wird sie ihn am Ende unterstützen.

Umgekehrt begleitet der Mann die Gründung seiner Frau häufig wohlwollend bis stolz. Er nimmt sie allerdings meistens nicht ernst, sondern tut sie als Hobby ab. Männer mischen sich sehr gerne ein, haben viele gute Ratschläge und spielen gelegentlich selbst den Unternehmer im Unternehmen der Frau. In Arbeit darf die Sache allerdings nicht ausarten und in Risiko am besten auch nicht. Sonst verflüchtigt sich die Unterstützung genauso schnell, wie es an Kritik hagelt.

Also lieber ein Jodeldiplom (Loriot).

1.5. Lebenslänglich selbständig?

Früher wurde Selbständigkeit als Entscheidung fürs Leben verstanden. Man schafft es, oder man scheitert. Heute kann das eine mehr oder weniger kurze Lebensphase sein. Kleinkapital muss Nischen suchen, finden und besetzen. Und diese sind oft nur phasenweise lukrativ. Daher bedeutet, ähnlich wie Ehe und Meuchelmord, auch Existenz-gründung heute nicht mehr zwangsläufig lebens-länglich. Im Gegenteil: Flexibel bleiben ist wichti-ger denn je. Wir kennen einen IT-Spezialisten, der gelegentlich seine selbständige Phase einlegt, um sich dann letztendlich doch wieder von größeren Unternehmen kaufen zu lassen.

Beachten muss man jedoch zweierlei:
1. Hohe **Investitionen**, die sich in wenigen Jah-ren nicht wieder einspielen lassen, zwingen zur nachhaltigen Selbstständigkeit.
2. Nach wie vor gibt es in Deutschland gewisse **Ressentiments** gegenüber ehemalig Selbstän-digen. Man traut ihnen – unabhängig von ih-ren Leistungen – oft nicht zu, sich in abhängi-ge Strukturen klaglos wieder einzuordnen. Nicht ganz zu Unrecht übrigens.

2.1. Muss ich ein Macher sein?

Wir vertreten die Typenlehre. Für uns gibt es: Macher, Mit-Macher, Helfer. Sicherstes Indiz für die Kategorisierung ist die Bereitschaft, Verantwortung zu übernehmen, und sich am Arbeitsergebnis zu messen.

Der **Macher** zeichnet sich durch Lust und Freude an der Selbständigkeit aus. Er will keine Vorgesetzten, scheut das Risiko nicht, ist Tag und Nacht mit seiner Gründung beschäftigt. Ihm geht alles viel zu langsam. Sein Horror ist die Bürokratie. Er sieht sich als Leistungsträger und hat wenig Verständnis für andere Lebensweisen. Das macht ihn nicht überall beliebt.

Risikoreduzierte Gründung ohne Bankkredit macht er nur aus Zwang. Liebend gerne würde er mit viel mehr Geld starten. Doch er sieht, er bekommt es nicht, oder nur auf viel zu langem Weg. Also versucht er es eben anders.

Der **Helfer** hat es lieber behütet. Er fühlt sich wohl in der Hierarchie, auch wenn er da gehorchen muss. Anweisungen geben ihm das Ziel. Er erfüllt sie gut und gerne. Zwar fühlt er sich hin und wieder ungerecht behandelt, aber mit einem Lob ist alles vergessen. Er ist stolz, dass sein Chef ihn braucht. Man kann ihm einiges antun, solange man ihm das Wichtigste dafür gibt: Sicherheit. Er mag das geregelte Leben. Klare Arbeitszeiten, klare Zuständigkeiten und feste Entlohnung ohne Erfolgs- oder Leistungszuschläge. Er macht sich viele Gedanken um seine finanzielle Absicherung. Es könnte für ihn immer so weitergehen.

Doch ein schreckliches Ereignis katapultiert

ihn raus. Plötzlich oder unerwartet und vor allem unvorbereitet arbeitslos! Und keiner will ihn mehr. Irgendwann kommt er zwangsläufig auf die Selbständigkeit, denn eigentlich kann er fachlich ja was.

Er wird den Bankkredit scheuen, wie der Teufel das Weihwasser. Aber nicht nur den Kredit, sondern auch jedes andere Risiko. Und ob sein Konfliktverarbeitungspotential für eine Selbständigkeit ausreicht, ist zweifelhaft.

Der **Mit-Macher** ist nicht Fisch und nicht Fleisch. Er kann oder will nicht weiter abhängig sein, sinnlose Dinge tun müssen, die Arbeitszeit bestimmt bekommen. Er fühlt sich nicht mehr sicher in seinem Job. Und vor allem, er fühlt sich weder ausreichend anerkannt noch geschätzt. Außerdem verdient er auch noch zu wenig für seine Leistung.

Bin ich
● *Macher*
● *Helfer oder*
● *Mit-Macher?*

Irgendwann springt er, vielleicht weil er befürchtet, dass er sonst zu einem für ihn unangenehmen Zeitpunkt gestoßen wird. Doch die grenzenlose Freiheit ist auch nicht so sein Ding. Dafür fühlt er sich doch zu unerfahren. Sein Realismus zeigt ihm Grenzen auf.

Er wird der Prototyp für die risikoreduzierte Gründung ohne Bankkredit sein. Doch er wird noch mehr Halt und Sicherheit suchen. Vielleicht als Franchiser, als Subunternehmer, als Mit-Macher in einem anderen Unternehmen, als Mit-Macher in einem Unternehmerteam. Vielleicht versucht er auch als nebenberuflicher Gründer zu starten. Etwas behütet also. Dosierte Freiheit.

Gründer sind meist in einem Alter, in dem sich grundlegendes Verhalten und Einstellungen kaum noch ändern. Vielleicht wird aus dem Helfer mit zunehmendem Erfolg ein Mit-Macher. Vielleicht mutiert der Mit-Macher ein wenig zum Macher. Doch dies wären schon sehr große Veränderungen und selten dauerhaft. Gerade in der Krise ist der Rückfall vorprogrammiert.

Drum prüfen wir durch konfrontativen Beratungsstil die Belastbarkeit. Denn Nettigkeiten bringen keinen weiter.

Beispiele:

Die Restaurants, die wir lieben, und in denen wir genießen, sind in der Regel nach zwei Jahren pleite. Umgekehrt: Wir wissen mittlerweile, was ein Pizzalieferdienst bei guter Organisation verdienen kann. Bei mäßiger Produktqualität. Natürlich: Durchschnittliche fachliche Kompetenz ist sicher Startvoraussetzung. Doch mal ernsthaft: Welcher Kunde kann schon beurteilen, wie kompetent der Gründer in seinem Fachgebiet ist? Er wird es glauben oder nicht glauben. Er wird ihm trauen oder nicht. Gute Show überzeugt die meisten weit mehr als komplexe Argumentation. Nicht nur in der Politik.

2.2. Wer ist zur Selbständigkeit geeignet?

Genauso zahllos wie naiv sind die herkömmlichen Maßstäbe für den geeigneten Unternehmer. Sie lassen sich kurz und schlecht darauf reduzieren, dass die fachliche Eignung in den Mittelpunkt gestellt wird, mehrjährige Berufserfahrung und viel Fleiß adelt. Unsere Erfahrungen sehen anders aus. Für den Gründer sind persönliche Voraussetzungen weit wichtiger als fachliche Voraussetzungen. Nicht der fachlich Beste wird erfolgreicher Unternehmer. Wir sehen kaum einen Zusammenhang zwischen fachlichen Fähigkeiten und unternehmerischem Erfolg. Auch die Überzeugung „Qualität setzt sich durch!" teilen wir nicht. Im Gegenteil.

Auch mit der pauschal geforderten Berufserfahrung („mehrjährige Berufserfahrung!") ist das so eine Sache. Für uns ist entscheidend: Wo hat der Gründer die Berufserfahrung erworben? So sehen wir beispielsweise bei einem Opel-Angestellten mit jedem Jahr Angestelltentätigkeit geringere Chancen für die Selbständigkeit. Großbetriebe verderben in höchstem Maße. Im Großbetrieb lebt der Angestellte wie in einer Bienenwabe. Sein Kompetenz- und Einsichtsbereich ist äußerst begrenzt. Rundum ist alles geregelt und gemaßregelt. Und für jedes Problem gibt es Gesetze, Verordnungen, Kommissionen und Beauftragte.

Anders sieht es schon bei Berufserfahrung im Klein- und Mittelbetrieb aus. Hier bekommt der Mitarbeiter – durch seine Aufgaben oder durch Zufälle, die die Nähe zum Chef so eröffnen – tiefe Einblicke in so manche Problemlage, die ihn für seine eigene Gründung Handlungsmuster und vorgründerische Erfahrungen sammeln lassen.

Wir wollen **sieben Kriterien** für die Unternehmerpersönlichkeit in das Blickfeld rücken:

SELBSTTEST

○ Psychisch stabil   ○ Psychisch instabil

○ Ausdauernd   ○ Flatterhaft

○ Spaß an der Sache   ○ Ohne Interesse

○ Konfliktfähig   ○ Konfliktscheu

○ Entscheidungsstark   ○ Zauderer

○ Durchsetzungsfähig   ○ Nachgeber

○ Zeitflexibel   ○ Stechuhr-Typ

1. Psychisch stabil

Hohe psychische Stabilität ist eine unabdingbare Voraussetzung für jede Art von Gründung. Allzu häufig haben wir Versuche erlebt, Menschen mit schwachem Selbstwertgefühl auf diese Weise zu einer Perspektive zu verhelfen. Jedoch: So viele Erfolgserlebnisse, wie sie brauchen, gibt's bei keiner Gründung. Im Gegenteil: Die zahlreichen Probleme und Niederschläge verkraften nur Menschen mit gutem Selbstwertgefühl. Dabei ist es recht gleichgültig, ob es sich um Drogenabhängige, Alkoholiker, Depressive oder nur harmoniebedürftige Personen handelt. Existenzgründung ist keine Form der Therapie.

2. Ausdauernd

Selbst die mittelmäßigste Geschäftsidee hat irgendwann zumindest mäßigen Erfolg. Entscheidend umgekehrt: Schnelle Erfolge sind selten. Also ist Ausdauer ein wichtiges Kriterium. Man kann sich dabei problemlos selbst testen: Wie häufig wechsele ich meine Hobbys, meine Sportarten, meine Jobs, meine Interessen? Meine Frauen oder Männer? Höre ich immer dann auf, wenn es schwierig wird? Oder brauche ich stets den Reiz des Neuen? Je flatterhafter das bisherige Leben, desto unwahrscheinlicher, dass die nötige Portion Ausdauer vorhanden ist.

3. Spaß an der Sache

Gründer brauchen Spaß an der Sache, nämlich an ihrer Gründung und der Branche, für die sie sich entschieden haben. Interesselose Menschen dagegen haben keine Chance. So ist uns schon verdächtig, wenn in unseren Seminaren Teilnehmer fragen: „Was kann man denn so gründen?" Ideenlos geben sie sich der Illusion hin, der Dozent könnte ihnen individuelle Menüvorschläge machen. Meist kaufen sie sich anschließend ihre Idee wie ein Kochrezept bei Norman Rentrop* für 50 €.

Norman Rentrop hat seit den 1980er Jahren einen Verlag, in dem er Gründungskonzepte produziert und vermarktet

4. Konfliktfähig

Mit eine der wichtigsten Voraussetzungen ist die Fähigkeit, permanent mit Konflikten zu leben und trotzdem positiv oder optimistisch zu bleiben. Viele Menschen scheuen Konflikte und lieben ihren Frieden über alles. Um ihn zu erreichen, gehen sie lieber rückwärts, doch irgendwann ist hinter ihnen nur noch die Wand. Die Fähigkeit, mit Konflikten zu leben, heißt nicht Konflikte zu suchen. Allzu große Aggressivität schadet auch. Jedoch weit weniger als die Konfliktscheue.

5. Entscheidungsfähig

Wer nicht entscheidungsfähig ist, sondern zaudert, wird ein Problem mit dem Faktor Zeit bekommen. Zaudern kostet Zeit, und diese Zeit fehlt dann meist in der Kundenbeziehung.

6. Durchsetzungsfähig

Durchsetzungsfähigkeit ist ebenfalls eine wichtige Unternehmereigenschaft. Ein Unternehmer muss führen können. Das überzeugt nicht nur Mitarbeiter, sondern auch Kunden von seiner Qualifikation. Wer unsicher wirkt, wird nicht ernst genommen.

7. Zeitflexibel

Schließlich sollte ein Unternehmer wissen, dass er bereit sein muss, Arbeit und Freizeit zu vermischen. Er sollte es nicht nur wissen, er sollte es sogar genießen, seinen Tag frei zu gestalten und die Disziplin zum Arbeiten ebenso aufzubringen, wie die Vernunft, die Arbeit zu beenden. Und das ohne Stechuhr! Es ist eine herrliche Freiheit.

2.3. Adelt der Fleiß?

Am Stammtisch unseres Gewerbevereins überbieten sie sich gegenseitig: „11 Stunden." „12 Stunden!" „14 Stunden!!" haben sie heute gearbeitet. So liest man's, hört man's, glaubt man's.

Doch das geht völlig am Kern und an der Realität vorbei. Keiner der mehreren tausend Gründer, die durch unsere Köpfe gingen, arbeitet regelmäßig 14 Stunden. Dies ist auch weder sinnvoll noch nötig. Unternehmer neigen jedoch dazu, die Zeitmessung äußerst unkorrekt zu betreiben: Fahrzeiten zum Arbeitsplatz, Pausen, Privatbesorgungen werden eingerechnet. Die Zeitmessung erfolgt praktisch von Wohnungstür zu Wohnungstür. Und wer im Home-Office arbeitet, hat gar kein realistisches Zeitgefühl mehr.

Realistisch sind dauerhaft selten mehr als 50 Stunden pro Woche. Nur die gefühlte Arbeitszeit liegt höher. Konzentriertes und produktives Arbeiten wird sogar nur bei geringerer Stundenzahl möglich. Wer von seinen Mitarbeitern Produktivität erwartet, sollte diese auch selbst demonstrieren.

Es ist aber geradezu ein Zeichen von Einfältigkeit, sich anderen gegenüber durch die Länge des Arbeitstages legitimieren zu wollen, statt nur sich selbst gegenüber Rechenschaft abzulegen, und zwar über das Arbeitsergebnis. Keiner ist Unternehmer geworden, weil er länger arbeiten will. Wer das auf Dauer muss, der hat vermutlich was falsch gemacht. Oder falsche Ziele: Die Arbeitszeit ist bestenfalls ein Kriterium für Tagelöhner. Für Unternehmer taugen da Umsatz oder Profit viel besser. Arbeit adelt nicht, sondern macht müde. Und: Sie verhindert das Denken!

2.4. Wer sagt es mir klipp und klar?

Viele Leser sind jetzt trotzdem noch unsicher, ob sie zum Gründer geeignet sind. Und bei den Selbstsicheren sind andere nicht immer sicher...

Zudem: Geeignet für welche Gründung? Nehmen wir nur Betriebsgröße als Kriterium: Einmannbetrieb? Partnergründung? Fünf Mitarbeiter? Größer? Wer beantwortet diese Fragen?

Als erstes antwortet – auch ungefragt – die **Family**. Sie ist häufig überaus skeptisch und auch nicht ganz neutral. Wirkliche Beurteilungsfähigkeiten bleiben auf schmale Gebiete begrenzt („Er trinkt doch zuviel"). Das Urteil fällt im Regelfall eher negativ aus.

Bei den danach befragten **Friends** sind zwar Abstand und damit Neutralität etwas größer, dafür wollen viele nett sein. Und wirklich Ahnung haben auch nur die, die zumindest eine Affinität zur Gründung haben.

Beispiel:
Wir lernen häufig Unternehmer kennen, die extrem viel im operativen Geschäft stehen und sich dann noch die Back-Office-Arbeiten zusätzlich aufbürden. Ihnen bleibt keine Zeit zum Nachdenken. Und so sehen wir, wie sie im Schweiße ihres Angesichts ihr eigenes Grab schaufeln.
Hirn spart Geld und Zeit!
Ein Unternehmer muss auch delegieren können. Wer nur sich selbst vertraut, darf nicht mehr schlafen.

*Professor Heinz Klandt,
European Business
School (EBS) in Oestrich-
Winkel, der erste deutsche
Gründerlehrstuhl.

Beispiel:
*Wir erlebten, wie eine
52-jährige, sozial
unverträgliche Hartz-IV-
Hilfe-Empfängerin von
Institution zu Institution
weitergereicht wird, weil
keiner den Mut hatte, ihr die
Wahrheit zu sagen.
Die hätte gelautet:
1. Sie haben Probleme und
machen Probleme und sind
daher als Gründerin
ungeeignet.
2. Einer Hartz-IV-Hilfe-
Empfängerin kurz vor der
Pfändung gibt keiner die
gewünschten 500 000 €.
Vergeudete Zeit – vergeudete
Hoffnung.*

Die **psychologischen Berufe** haben das Terrain selten besetzt und neigen zum Mutmachen. Einige versteigen sich zu der Behauptung, Personaltests seien anwendbar.

Einzelne **Hochschullehrer** liefern zweckdienliche Erkenntnisse, meist jedoch auf wissenschaftlicher Ebene.*

Die **Gründerratgeber** und die **Gründungsberater** vernachlässigen das Thema sträflich. Wo sie sich äußern, bleiben sie oberflächlich oder irren.

Arbeitsamt, oh Pardon, **Agentur für Arbeit**: Nachgrade lächerlich.

Banker haben da weder die nötige Sensibilität noch ausreichend Erfahrung.

Generell will sich keiner unbeliebt machen. Oder sich gar das Geschäft verderben. Es ist eben unangenehm, jemanden ins Gesicht sagen zu müssen, man halte ihn für persönlich ungeeignet. Dies wird oft als Beleidigung aufgefasst. Und als Lohn gibt es weder Dank noch Geld, sondern Schimpfe.

Für unsere eigene Beratungsarbeit haben wir ein einstündiges Rigorosum entwickelt. Diesen TIP (Test von Idee und Person) bestehen 70 % der Kandidaten nicht. Doch um die übrigen können wir uns dann auch ausreichend kümmern. Mit dem Ziel der erfolgreichen Gründung.

Erste Ansätze zu einem treffsicheren psychologischen Selbsttest mit Auswertung (Gestalttypen-Indikator: GTI) hat das Gestalt-Institut Köln GIK zusammen mit Stefan Blankertz entwickelt. Mögen andere folgen.

Einen eigenen, ungewöhnlichen Fragenkatalog bieten wir in der Anlage des Buches.

3.1. Der Wert der Idee

Wir alle kennen sie – die großen Geschäftemacher. Nach dem dritten Bier in der Kneipe beschließen sie, sich selbständig zu machen. In den meisten Fällen entscheiden sie sich dabei – ortsbeeinflusst – gleich für eine Kneipe, denn „Gesoffen wird immer", wie man vor Augen hat. Aber die eigene Kneipe wird natürlich ganz anders. Mit dem Rausch verfliegt die Aktualität der Idee – nie jedoch die Idee selbst.

Andere dagegen schwärmen selbst in nüchternem Zustand vom „kleinen Restaurant". Denn: „Du kannst doch so gut kochen."

Und ältere Manager neigen als zweite Karriere derzeit häufig zu einem Weinladen.

Natürlich gibt es viele, die glauben, weit originellere Ideen zu haben. So sitzen in jedem unserer Gründungskurse ein oder zwei Teilnehmer, die Angst vor Ideenklau haben. Wir können alle beruhigen. Von 1 000 Ideen wird bestenfalls eine geklaut, dagegen werden 950 vom Erfinder nicht realisiert. Ideen sind selten was wert. Daher bringen sie auch selten Geld – weder dem Erfinder noch dem Dieb.

Wir haben in Deutschland eher einen Mangel an Realisierung, denn da beginnen Arbeit und Risiko. Jedoch: Will mal einer wirklich eine innovative Idee umsetzen (bestenfalls 7 % der Gründer), stößt er auf verschlossene Türen.

Wie prüft man seine Gründungsidee?

Ein Unternehmen zu gründen ist wie ein Haus zu bauen. Man muss mit dem beginnen, was am we-

Beispiel:
Ein Gründer hat ein neues Gerät zur Zeiterfassung und Zugangskontrolle entwickelt und sogar bereits bei einem Kunden im erfolgreichen Dauertest.
Wir hatten Mühe und Last, eine Bank zu finden, die das finanzierte. Denn, was der Banker nicht kennt, frisst er nicht.

Gegenbeispiel:
Eine neue Filiale eines Pizza-Franchisers sollte finanziert werden. Wir führten einen Banker in den Laden. Er sah zweihundert für den Abend vorbereitete Pizzaböden, aß den Fraß und finanzierte problemlos.

nigsten Spaß macht: Pläne und Statik. Dann die Genehmigungen. Dann die Ausschreibung. Und der Bau selbst geht dann verhältnismäßig schnell. Je sauberer die Vorarbeiten, umso schneller und risikoloser die Ausführung.

Grundsätzlich gilt: Lieber fünfmal geplant, geprüft und verworfen, als einmal zu hohes Lehrgeld gezahlt. Denn jede Planung führt zu neuer Erkenntnis, und jeder vermiedene Fehler lässt die Chancen für einen erfolgreichen Start steigen.

3.2. Die Theorie des Überwirts

Nach der Theorie des Überwirtes von Ernst Hacker ist unsere Gesellschaft durch Fachleute (Wirte) geprägt. Geraten diese auf fremdes Terrain, so finden sie dort ihren Überwirt (so wie sie selbst vielleicht auf dem eigenen Gebiet Überwirt sind). Ein schlauer Überwirt erzielt Profit durch seine Überlegenheit.

Hacker entwickelte seine Theorie aus Beobachtungen der lokalen Binger Gaststättenszene. Er stellte fest, dass die Wirte, die tagsüber bei hoher Belastung gute Geschäfte machten, sich nach Feierabend in einer Bar trafen, um sich dort in entspannter Umgebung von des Tages Mühe zu erholen. Einmal in Stimmung geraten, ließen sie dann eine „Granate" (Sekt) nach der anderen steigen. („Paul, eine Granate." – „Eine gute, Erwin?" – „Vom besten, Paul." – „150 €!") So lieferten die Gastwirte ihre Tageseinnahmen, zum mehr oder weniger großen Teil, an ihren Überwirt bis 3 Uhr nachts wieder ab.

Man kann erahnen, weshalb die Nachtkonzession so begehrt (und teuer) war. Die Wirte haben in Paul ihren Überwirt gefunden, so wie sie selbst Überwirte sind für die Kioskbesitzer, die ab 8 Uhr arbeiten und schon am frühen Abend ihren Laden dichtmachen, da sich um diese Zeit ihre Stammtrinker wieder nach Hause begeben.* Der Bierpreis steigt natürlich von Überwirt zu Überwirt – weshalb trotz sinkender Menge der Umsatz steigt.

Die Theorie des Überwirtes gilt umfassend. Die Fachleute sind einseitig ausgebildet. Ihre daraus resultierende Unkenntnis auf fachfremden Gebieten wird von Überwirten ausgenutzt. Gerade ein Unternehmensgründer wird mit zahllosen Überwirten konfrontiert.

Beispiel:
Ein Zahnarzt sucht ein Haus als Praxis und Wohnhaus zu kaufen. Er ist dabei auf den Makler angewiesen, dessen Wirken er meist nicht überprüfen kann. Um sich gegen die unverbindlichen Informationen des Maklers abzusichern, fehlt ihm jeg-

*Auch viele Rentner treffen auf ihren Überwirt, den Spielautomaten. Sie beleben am Vormittag die Gaststätten, trinken zwei Bier und zwei „Kurze", füttern den Automaten und wechseln dann das Lokal, denn wer mehr in einer Kneipe trinkt, gilt als Säufer. So verbringen diese ausgemusterten Arbeitskräfte den Vormittag und opfern ihre Rente für das „Glück".

Weitere Beispiele für Wirte und ihre Überwirte:	
Wirt	**Überwirt**
Kleintransport-Unternehmer	Spediteur oder Großunternehmer
Tankstellenpächter	Mineralölkonzern
Copyshops	Kopiergeräte-Hersteller
Kleinere Handwerksbetriebe	Generalunternehmer
Gastwirte in „gebundenen" Kneipen	Brauereien
Vertragswerkstatt	Herstellerunternehmer
Schuldner	Bank

liche Kenntnis aus den notwendigen Gebieten Bauwesen, Rentabilitätsrechnung, Analysen des Immobilienmarktes, Rechtslage und dergleichen mehr. Er kann diesem Umstand nur abhelfen, indem er sich an andere Überwirte wendet, z. B. an Bausachverständige, Rechtsanwälte usw., die ihm, zum Teil aus Konkurrenz- und Geschäftsgründen, helfen. Ansonsten bleibt er bei oberflächlicher Betrachtung stehen (Farbe der Tapeten, Größe der Zimmer, kurz: Außeneindrücke) und fällt auf jede Kosmetik herein, die Makler und Hausverkäufer oft gut beherrschen (Anstrich verdeckt Nässe und Risse – kurzfristig!)

Aufwendiges Prüfen vor der Gründung kann die Gefahren, die das Betreten fachfremder Gebiete mit sich bringt, stark einschränken. So lassen z. B. eine halbjährige Beobachtung des Immobilienmarktes in den Tageszeitungen, Objektbesichtigungen und das Studium von Exposés bereits ein Gefühl dafür aufkommen, welche Immobilien heute marktgängig, welche Gegenden bevorzugt, welche Preise „marktgerecht" – sprich realisierbar – sind. Erst ab dem Zeitpunkt, wo man beginnt, die Tricks der Makler zu durchschauen, sollte man überhaupt ernsthaft an einen Kauf denken. Wer glaubt, beim Immobilienkauf ohne Makler auskommen zu können, macht sich meist Illusionen. Denn: Sie beherrschen streckenweise den Markt. Privatverkäufer sind dagegen oft Problemverkäufer. Mit ihnen kann man viel sinnlose Zeit vergeuden.

Die **Makler** stehen hier nur beispielhaft für alle Überwirte. Ihre besondere Bedeutung ergibt sich allerdings daraus, dass ein Immobilien-(Fehl-)

Kauf oft lebenslängliche, der Fehlkauf eines Camcorders dagegen nur kurzzeitige Folgen hat. Überall, wo wir uns nicht auskennen, stoßen wir auf unseren Überwirt. Übervorteilung bis zum Betrug ist eine häufige und risikolose Begleiterscheinung nicht nur im Teppichhandel. Viele Kleinunternehmer sind da besonders kleinlich und peinlich. Großunternehmen dagegen können sich großzügiger zeigen, denn sie haben die Marktmacht, Reklamationen von vornherein in den Preis einzurechnen oder dem Lieferanten aufzudrücken.

Die Sicherheit, die aus zahlreichen Planungen gewonnen wird, reduziert das Lehrgeld, das jeder Anfänger zu zahlen hat. Je geringer die Kapitalbasis, desto nötiger wiederum diese Minimierung. So wie es früher hieß: „Schweiß spart Blut" kann man heute sagen: „Zeit spart Geld".

3.3. Die Welt des Kleinunternehmers

Der Kleinunternehmer sieht sich – ähnlich wie weiland die Kirche Roms – als den Mittelpunkt des Universums. Um ihn herum kreisen zahlreiche Satelliten.

Jeder spielt eine wechselnd wichtige Rolle im Leben des Kleinunternehmers.

Der erfahrene Unternehmer weiß über jeden einzelnen Satelliten vieles zu erzählen. Und er weiß auch: Mit keinem einzigen hat er *per se* eine problemlose Beziehung. Manche belasten sogar lebenslänglich.

Die wichtigsten Satelliten, die um den Kleinunternehmer kreisen:
- *Personal*
- *Finanzamt*
- *Lieferanten*
- *Bank*
- *Konkurrenz*

Personal:
Es ist die tägliche Herausforderung. Heißen Angestellte Angestellte, weil sie sich so anstellen?

Finanzamt:
Bei manchem Unternehmer lösen die grauen, umweltkorrekten 1980er-Jahre-Briefumschläge in der Post schon eine Allergie aus. Und 30 Briefe pro Jahr sind selbst bei geordneten Verhältnissen üblich. Öffnet man die Umschläge, so erlebt man regelmäßig in Ton und Inhalt eine Behörde vom alten Schlag.

Lieferanten:
Nur Naive glauben, die seien problemlos, weil sie ja schließlich ein Geschäft machen wollen und wir – die Kunden – Könige sind.

Beispiel: Eine führende deutsche Design-Firma liefert hochpreisige Fotoalben. Statt sie, wie üblich, verpackt an die Kunden zu verkaufen, öffnet die Inhaberin die Alben und stellt fest: Produktionsfehler bei jedem 2. Stück, und das bei einem Verkaufspreis von fast 50 Euro! Dem elitären Getue entspricht mitnichten die Reaktion des edlen Unternehmens: „Bei uns hat sich noch keiner beschwert."

Ergebnis: Der Lieferant kündigt dem Kunden die Geschäftsbeziehung.

Bank:
Von ihr hört man jahrelang nichts, solange man ordentlich Zins und Tilgung zahlt. Im anderen Fall jedoch wöchentlich, selbst bei kleinsten Kontoüberziehungen.

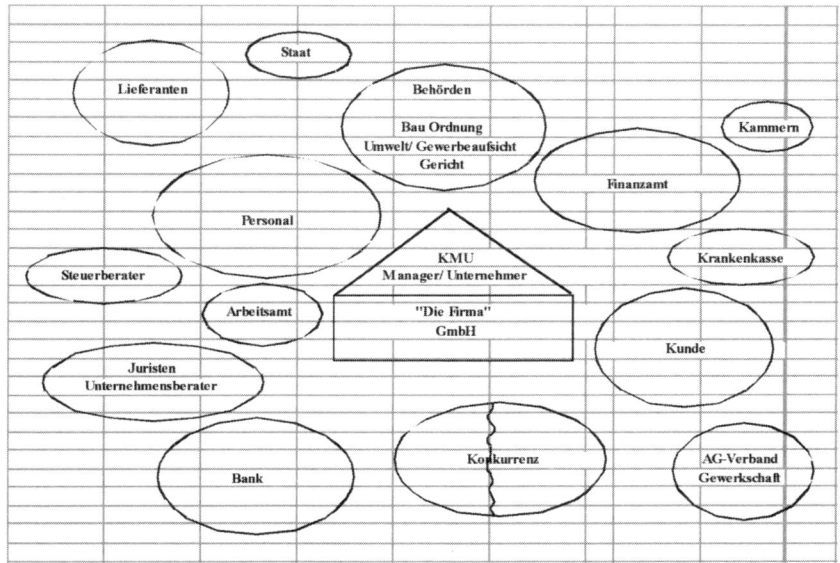

Der Klein- und Mittelunternehmer (KMU) im Spannungsbogen der (Über-)Mächtigen

Konkurrenz:

Gespalten in Gute und Böse. Gute sind die, die immer schon da waren, die man kennt, und die man trifft. Böse sind die, die neu sind, groß oder gar anders. Interessant auf alle Fälle: Viele kennen und reagieren auf die Konkurrenz nicht, genau wie umgekehrt.

Viele dieser Satelliten machen Gründern mehr Probleme als der Vollmond Esoterikern. Sie drängeln und drohen. Kurz: Sie fressen die Arbeitszeit des Gründers. Und die fehlt dann für den, der am unauffälligsten bleibt und am wenigsten drängt - den Kunden. Eigentlich sollte er im Mittelpunkt unseres Universums stehen. Jedoch – er wird zur

Restmasse. Wen wundert es dann, dass trotz gefühlter 70 Stunden-Woche, bei vielen Gründern höchstens 20-30 % der Arbeitszeit für den Kunden übrig bleibt.

Wie steigere ich meine Effizienz?

Zunächst setze ich mir das Ziel, möglichst viel Arbeitszeit dem Kunden zu widmen und davon wiederum möglichst viel Zeit vom Kunden bezahlt zu bekommen. Wenn mir das bewusst ist, dann werde ich alles tun, um Zeit zu sparen. Das heißt, meine Verhältnisse zu den übrigen Satelliten ordnen: Zeit optimal gestalten. Das wird Opfer fordern. Und dann wechsele ich auch rücksichtslos problematische Lieferanten ebenso, wie pingelige Steuerberater, oder den Mitarbeiter, der zwar nett ist, aber mehr Zeit frisst, als er Zeit spart.

Wichtig ist: Welcher Satellit kann mir gefährlich werden, welche Forderungen kann ich problemlos aussitzen, wen und was kann ich bedenkenlos ignorieren, was elegant delegieren?

Kurz und klar: Je mehr Erfahrung der Gründer hat und je konsequenter er verfährt, desto eher wird es ihm gelingen, das Umsatz-Aufwand-Verhältnis zu optimieren.

Unser Beratungsunternehmen ist noch brutaler. Wir klassifizieren unsere Kunden nach dem Umsatz-Ärger-Verhältnis. Das impliziert jedoch umgekehrt: Für manche Kunden arbeitet man einfach gerne. Und das muss nicht unbedingt die kleine Blondine mit der Literaturagentur sein.

Die Startchancen sind dann optimal, wenn der Gründer neben dem Lehrgeld, das er unweigerlich zahlen muss, auch die Lehrzeit minimiert, also schnell vom Amateur-Gründer zum Profi-Gründer wird.

3.4. Potenzprobleme bei Gründern

Bei Gründern ist der „Potenzsprung" für ihr Denken ein Problem. Jeder Mensch ist gewohnt, zu bestimmten Zahlengrößen ein mehr oder weniger sinnvolles Verhältnis aufzubauen. Dies ist durch Erfahrung geprägt. Die wichtigste ökonomische Zahlengröße bezieht sich hierzulande auf Geld.

Schon Kinder werden mittels Taschengeld an Beträge der 1. Potenzstufe,* also von 10 € bis 99 €, gewöhnt. Bereits hier zeigen sich recht unterschiedliche Fähigkeiten und Einstellungen, die zum Teil lebenslänglich Bestand haben.

Lehrlinge erreichen die 2. Potenzstufe und ausnahmsweise und mit Papis Hilfe auch mal die 3., wenn das Auto fällig ist.

Der typische Lohnabhängige handelt täglich mit Beträgen zwischen 10 € und 999 € und erreicht nur hin und wieder die Potenzstufe 3 oder gar 4. Höchstens beim Hausbau kommt er in die Hunderttausender-Bereiche der Stufe 5, und das geht, wie der Regisseur Dieter Wedel in seinem legendären Film „Einmal im Leben – Geschichte eines Hausbaus" verdeutlichte, häufig schief.

Die Probleme des Gründers sind noch größer. Er wird aus seiner Welt der Zehner und Hunderter in den täglichen Umgang mit Tausendern und Zehntausendern geworfen. Das ist er nicht gewohnt, das hat er nie gelernt. Zudem fließt das Geld an ihm vorbei – zu und ab –, ohne dass er ei-

Potenzstufen:
1. $10^1 = 10$ €
2. $10^2 = 100$ €
3. $10^3 = 1\,000$ €
4. $10^4 = 10\,000$ €
usw.

nen genaueren Überblick darüber hat, warum es kommt und wohin es geht.

Beispiele: Steuervorauszahlungen, Erstattungen, Nachzahlungen und Säumniszuschläge.

Für den Angestellten ist klar: Was auf dem Girokonto liegt, das gehört mir. Und dann gehen am Monatsanfang Miete, Strom usw. regelmäßig und periodisch ab. Schwierigkeiten gibt es allenfalls, wenn die Gaswerke von monatlicher auf zweimonatliche Belastung umstellen. Plötzlich reicht das Geld nicht mehr aus – seltsam. Gleiches gilt, wenn der Hauswirt eine Nebenkostennachzahlung verlangt.

Beim Gründer dagegen sind a-periodische Zahlungen Regelfall, und was auf dem Konto liegt, könnte dem Finanzamt, der Bank oder dem Lieferanten gehören.

Am schlimmsten jedoch: Die Geldzugänge sind nicht mehr regelmäßig wie das Gehalt am Monatsbeginn, sondern hängen außer vom Auftrag und der zeitnahen Rechnungsstellung, sprich Umsatz, auch noch von der Zahlungsmoral der Kunden ab.

Fazit: Höhere Potenzen und kein Überblick über die Quellen der Zuflüsse und die Sickerlöcher des Abflusses. Dafür täglich eine Unzahl von Papier: Der Gründer erlebt Verhältnisse, für die er keinen Maßstab und kein kognitives Programm entwickelt hat. Er hilft sich durch ständigen Blick in Kasse oder Konto. Viel ist gut, wenig schlecht. Entsprechend sind Laune und Reaktionen: Von Angst-Geiz bis euphorische Großzügigkeit. Auch Dagobert Duck ist davon nicht frei: Eine Zeitung aus dem Müll zu retten macht ihn glücklich, während die Zinsverluste seiner gehorteten Talerberge ihn kaltlassen.

Kleiner Trost: Nach einigen Jahren setzt allmählich eine Gewöhnung an die neuen Verhältnisse ein, was auch den Stress abbaut.

Für viele jedoch zu spät.

Einfacher haben es Unternehmerkinder: Von früh auf lebten ihnen ihre Eltern den Umgang mit Geld, Kunden, Zahlen, Bank, Finanzamt vor. Das nützt enorm bei der eigenen Gründung.

3.5. Potenzprobleme beim 1-Mann-Betrieb

Polier Rudi, 1-Mann-Bauunternehmer, macht einen guten Eindruck: fachlich fit, überzeugendes Auftreten und intelligente Lösungen: Mehr, als man von einem Handwerker erwarten darf.

Doch bekommt er einen größeren Auftrag, stößt er schnell an seine Potenzgrenzen: Zeitpotenz und Maschinenpotenz sind zu gering.

Typisch männlich überschätzt er sich und nimmt den Auftrag trotzdem an. Denn: Er hat ja „Kontakte" (in besseren Kreisen „Kooperationspartner" genannt). Doch im Ernstfall hapert's dann stets an Menschen und Maschinen. Und so enttäuscht er den größeren Auftraggeber ebenso wie viele kleine, die während der Zeit immer nur vertröstet aber nicht bedient werden können. Zwar steigt vielleicht der Umsatz, doch hängen bleibt wenig. Rudi wird schnell zum Handwerker wie andere auch. Doch um sich das leisten zu können ist er zu klein. Kein Einzelfall.

Beispiel:
Der 1-Mann-Hausservice Slatko soll eine 2 000 qm große, verwahrloste Wiese mähen (Grashöhe 60 cm). Da er ansonsten nur 200 qm große ordentliche Rasenflächen betreut, fehlt ihm die Technik. Er leiht sich ein Großgerät, doch wo ist das Fahrzeug für den Transport? Nachdem alles aufwendig geregelt ist, regnet es. Und als der Rasenbesitzer den Schnitt auch noch aufgesammelt haben will, kapituliert Slatko.

1-Mann-Betriebe sollten ihre begrenzte Potenz kennen und akzeptieren. Sonst steigt zwar der Umsatz, stärker jedoch steigen Risiko und Ärger. Und ganz gewiss nicht der Gewinn. Kleinstbetriebe sollten sich der zahlreich vorhandenen Kleinaufträge annehmen. Wenn sie die optimal bedienen können, dann reicht das für einen guten Lebensstandard. Geld verdient man mit Routine.

4.1. Fachliche Qualifikationen

Unbeschadet von tatsächlich vorhandenen Kenntnissen und Fertigkeiten werden häufig formale Fähigkeitsnachweise gefordert, ohne die ein Unternehmen nicht geführt werden darf.

Gründen darf man dagegen so ziemlich jedes Unternehmen, wenn man eine Person einstellt, die den Fähigkeitsnachweis erbringen kann und das Unternehmen leitet, auch ohne Mitgesellschafter zu sein.

Nach Artikel 2 Abs. 1 und Artikel 12 Abs. 1 Grundgesetz kann nämlich jeder Deutsche seinen Beruf frei wählen, also auch ein Gewerbe ausüben. Die Berufsausübung wird aber häufig von Qualifikationsnachweisen abhängig gemacht.

Handwerk:

Die Führung eines Handwerksbetriebes bleibt denen vorbehalten, die einen Meisterbrief besitzen, der gemäß Handwerksordnung die Meisterprüfung voraussetzt. Ingenieurabschlüsse sind ihr weitgehend gleichgestellt. In Ausnahmefällen geht es auch anders:

1. durch Einstellung eines „Lizenzmeisters" in der GmbH,
2. mit einem persönlich haftenden Gesellschafter, der den Meistertitel besitzt,
3. mit einer Ausnahmegenehmigung zur Weiterführung des Betriebes (erreichbar für Gesellen, die auf einer Meisterschule angemeldet sind),
4. bei handwerksähnlichen Tätigkeiten, wie z. B. Dachrinnenreinigung, oder bei geringerem Handwerksanteil (bis zu 20 % des Umsatzes),

wie z. B. Fahrradhandel mit unbedeutendem Reparaturgeschäft oder Antik-Möbelhändler, die ihre eigenen Möbel vor dem Verkauf restaurieren. Die Handwerkskammer ist mit zunehmender Überbesetzung im Handwerk besonders scharf, beobachtet den Anzeigenmarkt und schickt schnell ihre Abmahner mit der Drohung, „den Laden dichtzumachen" oder bei Zuwiderhandlung zigtausend Euro zu verlangen. Ist erst mal abgemahnt, so greift die Paranoia schnell um sich, denn jeder neue Kunde könnte ein Spitzel sein.

Mittlerweile wurde das Handwerksrecht liberalisiert. Weitgehend ist das dem Druck der EU zu verdanken. Eine Reihe von gefahrlosen Gewerken ist dadurch auch für Gesellen geöffnet worden – gnädig. Doch selbst Friseure blieben von dieser Regelung ausgenommen. Gefährlich? Und so ist es für Gründer ohne Meisterbrief nach wie vor ein arger Slalom, sich im Regelgestrüpp des Handwerks durchzusetzen. Und die Kammern lavieren geschickt zwischen hart und zart.

Güterverkehrsbetriebe:

Eine Berufstätigkeit im Speditionsgewerbe in nicht untergeordneter Tätigkeit oder eine Fachprüfung vor der IHK muss gemäß Güterverkehrsgesetz nachgewiesen werden. Zudem wird ein Nachweis finanzieller Tragfähigkeit gefordert.

Kammerberufe (wie z. B. Arzt, Architekt, Steuerberater):

sind keine Unternehmer, sondern Freiberufler, die besonderer Qualifikationen bedürfen, welche das jeweilige Kammerwesen in den Berufsordnungen regelt.

Die Liste ist nicht vollständig! Es sei dennoch auf die Darstellung von Milch- und Waffenhandel, Taxi- und Spielcasinokonzessionen verzichtet (siehe Bürokratie-Überblick in der Anlage).

4.2. Persönlicher Charakter und Moral

Beim Bewachungs-, Versteigerungs-, Vermittlungs- und Gastronomiegewerbe werden ein „Leben in geordneten Verhältnissen" und „Zuverlässigkeit" vorausgesetzt. Ferner darf die Person nicht dem „Trunk" ergeben sein und nicht die „Förderung von Schlemmerei, Glücksspiel, unlauteren oder unsittlichen Geschäften" planen. Vorstrafen wirken oft hinderlich oder gar verhindernd, da sie den augenscheinlichen Beweis dafür bieten, dass irgendeine Gewähr nicht gegeben ist.

Einfachster Weg, die Anforderungen zu erfahren, ist eine fallspezifische Anfrage beim Gewerbeamt der Stadt.

Beispiel:
Die Vermittlung von Immobilien und Krediten ist nach § 34c GewO erlaubnispflichtig. Die Erlaubnis wird erteilt, wenn diverse Papiere vorgelegt bzw. von Amts wegen angefordert werden, was so ca. 1 000 € kostet, nämlich: Führungszeugnis, Gewerbezentralregister-Auszug, Unbedenklichkeitsbescheinigung des Finanzamtes, diverse Erklärungen über Bußgeldverfahren bis Vergleichsverfahren, Auszug aus dem Bundesschuldregister. Ob dagegen ein Finanzvermittler die Zinsrechnung beherrscht, ist für die Zulassung unerheblich.

5.
ÜBERLEGUNGEN
ZUM AUS- UND
EINSTIEG

Wer gerade in einer Aus- oder Weiterbildung oder in einem Studium steckt, sollte einen Gedanken daran verschwenden, ob er dies aufgeben will und welche Konsequenzen das hat. Die Vorstellung, man könne die Ausbildung so nebenbei weitermachen, erweist sich meist als Illusion.

Steht man in einem Arbeitsverhältnis, so sollte man rechtzeitig einen Blick in den Arbeitsvertrag werfen. Ist kein schriftlicher vorhanden, gelten die gesetzlichen Regelungen. Wichtig sind die Kündigungsfristen, da bei vorzeitigem Ausscheiden mit Ärger zu rechnen ist. Besser nehme man noch ein gutes Zeugnis als Rückversicherung mit.

*Ideal ist eine Gründung mit Hilfe eines **Gründerzuschusses** des Arbeitsamtes. Bedingung: mindestens ein Tag Arbeitslosengeldbezug. Da ist eine Kündigung durch den Arbeitgeber natürlich hilfreich, denn bei Eigenkündigung drohen drei Monate Sperrfrist. Aber solche Arrangements gelingen nicht immer.*

Möglicherweise kann auch Sonderurlaub während der entscheidenden Gründungsphase gewährt werden. Eine vorzeitige Freistellung, d. h. offizielle Weiterbeschäftigung neben der Gründungsarbeit, wäre ideal, scheitert aber oft an Geiz oder Rachsucht des alten Arbeitgebers.

In Zusammenhang mit Gründungsvorhaben, bei denen der Chef nicht Konkurrenz wittert, bietet sich manchen begehrten und schwer ersetzbaren Kräften eine besondere Chance: Weiterarbeit als Teilzeitkraft neben der Unternehmensgründung für eine gewisse Phase. Dies erspart dem Gründer Sorgen um den eigenen Lebensunterhalt, schont damit die Kapitalbasis, erhöht die Kreditwürdigkeit und sichert Chancen für eine – wenn auch schmachvolle – Rückkehr.

Warum eigentlich ein Unternehmen mühsam aufbauen, wo es so was doch komplett zu kaufen gibt?

Nun: Weil Gründern selten etwas von der Stange passt. Sie bevorzugen Maßanfertigungen und halten sich selbst für den besten Schneider. Außerdem glauben sie: Kaufen ist zu teuer. Kann alles sein – muss aber nicht!

Was kaufen wir?

Der Kauf eines Unternehmens ist der schnellste Weg, um in den Markt zu kommen. Und gerade diese Schwierigkeit wird von Gründern extrem unterschätzt. Je länger ich jedoch brauche, um bekannt zu werden und meine Kunden zu finden, desto mehr Vorfinanzierung ist nötig, um zwischenzeitlich die Kosten und den Lebensunterhalt zu decken. Realistische Gründer rechnen mit drei Jahren, bis der notwendige Kundenstamm steht. Das ist natürlich von Branche, Marktverhältnissen, persönlicher Bekanntheit, Präsentationsfähigkeit, Verkaufstalent und Konkurrenz abhängig.

Der wichtigste Aspekt beim Unternehmenskauf ist daher der Kauf von Kunden und Marktkontakten. Neben der zentralen Frage, wie viel Kunden zum Kauf angeboten werden, stellt sich – wie bei Wein, Weib und Gesang – auch bei Kunden die Frage nach der Qualität. Daraus leitet sich die Preisentscheidung ab: Was sind uns die angebotenen Kunden wert?

Natürlich sind Meinungsführer unter den Kunden wichtig, denn sie ziehen oft ganze Gruppen nach. Aber **Kunden sind wie scheues Wild:** Mit ihren eigenen Vorstellungen und Vorlieben in Kopf und Bauch reagieren sie auf kleinste Veränderungen zuweilen sehr sensibel und wechseln das Revier.

Die Schlüssel zum Kunden

Also besteht das Risiko, eine Kundschaft zu kaufen, die dann – straffrei – zur Konkurrenz desertiert.

Um dieses Risiko abschätzen zu können, muss geklärt werden: Was begeistert die Kunden am alten Unternehmen? Das ist oft nicht die Qualität von Leistung oder Ware, obwohl das Argument auch als Alibi gern verwendet wird. Wir müssen die Wahrheit mühsam suchen. Diese kann bitter und ungerecht sein.

Beispiel: Die Kundinnen kommen wegen der wunderschönen blauen Augen und der blonden Haare des Vorgängers. Schade, aber da hat die Nachfolgerin mit dem guten Geschmack wenig Chancen zur Kundenbindung. Sie wird sich andere Kundenschichten erschließen müssen. Nur: Wozu soll sie dann für die fluchtverdächtige Altkundschaft bezahlen?

Anders stellt sich die Lage dar, wenn die Kunden kommen, weil das Unternehmen so verkehrsgünstig liegt. Die Kundenbindung läuft hier über die Geschäftslage, weshalb die Sicherung des Nutzungsrechtes für die Immobilie Grundlage für die Kundenbindung ist. Viele reizvoll gelegene Ausflugsgaststätten zocken auf dieser Basis seit Jahrzehnten erfolgreich ihre Klientel ab. Sie schaffen es, solange ihre Leistung noch erträglich scheint.

Außer der Geschäftslage können auch Kundenkarteien oder die weithin bekannte Telefonnummer oder Webadresse des Unternehmens der

Schlüssel zum Kunden sein. Und nur diesen Schlüssel lohnt es sich zu kaufen. Alles andere ist oft genauso überflüssig wie der scheußlich braune Teppichboden, den man dem Vormieter einer Wohnung abkaufen muss, damit man eine Chance auf die Nachfolge bekommt.

Der Alteigentümer verkauft nur vordergründig sein Unternehmen, tatsächlich aber sein Lebenswerk

Sicher sehen das die Alteigentümer ganz anders. Sie haben das Unternehmen schließlich aufgebaut, Möbel, Maschinen und Materiallager angeschafft und jahrzehntelang liebevoll gepflegt und halten alles für sinn- und wertvoll. Betriebswirtschaftlich sprechen wir hier vom Substanzwert.

Außerdem: Sie trennen sich ungern von ihrem Lebenswerk und argwöhnen stets, jede Veränderung durch den Nachfolger würde es zerstören. Scheiden fällt schwer, doch bleiben sie „zur gelegentlichen Unterstützung" noch weiter im Betrieb, so ist der Konflikt vorprogrammiert.

Von der Vergänglichkeit der Substanzwerte kann sich jeder Besucher einer Räumungsversteigerung überzeugen. Die Termine gleichen Schlachtfesten, bei denen die Preise oft nicht einmal Schrottwertbasis erzielen. Denn beim Verschenken spart der Konkursverwalter immerhin Demontage und Entsorgung.

Beispiele:
Die komplette mobile Inneneinrichtung eines 18 Monate alten Supermarktes (400 qm Größe), Neupreis 250 000 €, wechselte für 40 000 € den Eigentümer.
Apothekerschränke im Neuwert von 70 000 € wurden nach 11 Jahren beim Umzug einer Apotheke für 1 000 € verkauft.

Getarnte Übernahme?

Je mehr wir beim Unternehmenskauf für Teppichboden und Theke bezahlen, desto größer ist die Versuchung, das Gekaufte weiter zu verwenden.

Nur in wenigen Fällen jedoch ist es ratsam, alles äußerlich unverändert zu lassen. Denn das Wichtigste ändert sich im neuen Unternehmen sowieso: Die Nase des Chefs. Ein Wechsel sollte mehr oder weniger deutlich auch nach außen signalisiert werden. Verdächtig dagegen, wenn dem Jungunternehmer alles so gefällt, wie es ist. Das spricht für mangelnde eigene Phantasie und Veränderungswillen. Oder für die Illusion des „Immer so weiter". Eine gefährliche Illusion. Jeder Wechsel bietet nämlich die Chance, neue und jüngere Kunden hinzuzugewinnen. Schließlich ist die neue Chefin ja auch jünger. Wer diese Chance nicht nutzt, der riskiert, dass sein Unternehmen langsam austrocknet.

Personal als Wert?

Umgekehrt kann es auch sein. Der Wert eines Ladens kann durchaus auch in seinem Personal bestehen, respektive in dessen Kundenkontakten („Die Kunden kommen trotz unseres Chefs!"). Das ist selten, aber möglich. Meist leuchten jedoch nur wenige Sterne, und vielleicht muss man daher nicht den ganzen Himmel kaufen.

Skizzieren wir das mögliche Dilemma noch einmal in einem Worst-Case-Szenario.

Beispiel: Wir kaufen eine Buchhandlung, die eine aus Ostpreußen geflüchtete Familie seit den 1950er Jahren in Berlin betreibt. Die Einrichtung wurde letztmals in den 1970er Jahren erneuert („alles noch tiptop"). Die Kunden sind über 70, das Personal über 50. Wir zielen auf eine neue Zielgruppe: Radwanderer und Naturbegeisterte der aufgeklärten Mittelschicht, die mittlerweile den Ostraum entdeckt haben. Unsere neue Zielgruppe kommt jedoch mit der Belegschaft so wenig zurecht wie wir selbst. Entlassungen und Neueinstellungen sind die teure, aber erlösende Konsequenz nach sieben Monaten Psychokrieg. Mit der Abfindung erreichen wir natürlich keine Befriedigung. Gerüchte und Gemeinheiten vergraulen die Altkundschaft schneller, als wir neue Kunden gewinnen. Die dadurch entstehenden Umsatzausfälle stoppen unseren Veränderungswillen: Der Ladenplaner will für langwierige, nicht realisierte Planungen Schadenersatz, denn wir mussten beschließen, weiter im Chic der 1970er zu leben. Das wieder schreckt neue Kunden wie neues Personal. Ein Teufelskreis.

So dumm kann keiner sein? Doch!

Was ist ein Unternehmen wert?
Nun, die Steuerberater beschäftigen sich mit Berechnungen, deren Basis bereits brüchig ist: Bilanzwerte. Dort wo wir Zahlenwerk überhaupt vorfinden, glauben wir es häufig nicht - positiv wie negativ. Das Anlagevermögen interessiert uns wenig, während Umsatz und Gewinn oft verfälscht sind. Der Gewinn ist jedoch die Basis zur Errechnung des Ertragswertes. Er wird ermittelt durch Multiplikation des bereinigten Jahresgewinns mit einem branchenabhängigen Faktor zwischen drei und sieben. Der Ertragswert ist der entscheidende Wert des Unternehmens. Doch stimmt der zugrunde gelegte Bilanzgewinn?

Wir hoffen, je nach Branche, dass zusätzlich Schwarzeinnahmen gemacht wurden. Und im negativen Fall?

Beispiel: Unsere größeren Kopieraufträge ließen wir in den 1980er Jahren in einem Mainzer Copyshop machen. Inhaber Kenan war flotter und freundlicher als die Konkurrenz. Und: Er senkte permanent die Preise! Schließlich zahlten wir nur noch 3,5 Pfennige pro Kopie für Auftragsarbeit. Eines Tages hastete ich mit einem eiligen Kundenrundschreiben in den Laden und erstellte 1 000 Kopien. An der Kasse kam es zum Eklat: Der Kassierer verlangte 12 Pfennige je Kopie und ich den Chef. Es war der Kassierer. Seit einem halben Jahr hatte Erdokan beobachtet, wie pausenlos die Automaten liefen, und er sah das Schild an der Wand: 12 Pfennig. Da hat er gerechnet und den Laden gekauft. Aber nicht nur wir hatten Dumpingpreise bezahlt. Zu den neuen Konditionen flüchteten die Großkunden. Der Umsatz brach zusammen, der Copyshop machte fünf Monate später dicht. Erdokan hatte 180 000,- DM bezahlt. Seine gesamten Ersparnisse aus 20 Jahren Montagetätigkeit bei Opel waren weg, und haufenweise Schulden blieben zurück. Doch den Lohn für die böse Tat kassierte nicht Kenan, sondern der wahre Gewinner ward die Spielbank Wiesbaden, bei der Kenan sein Geld anlegte.

Die Moral von der Geschichte
Übernahmen sind sinnvoll, wenn man die gewünschten Kunden in der richtigen Menge und zu einem guten Preis kaufen und halten kann.
Wer das Unternehmen, das er kauft, nicht möglichst intim kennt, der drückt auf die Risikotaste.
Alles Zahlenwerk ist nützlich, wenn es neutral überprüfbar ist. Aber eine halbe Nacht mit einer Mitarbeiterin des Unternehmens gezecht ist weniger trocken und führt schneller zu intimen Kenntnissen.

Und die richtigen Banken?

... finanzieren eine Übernahme dreimal lieber als eine Gründung. Nicht nur, weil sie die Geburtswehen kennen und fürchten. Der Gründer liefert ihnen stets nur ein mehr oder weniger kunstvolles Gemälde (Businessplan). Der Käufer dagegen kann ein Foto bieten (Bilanzen). Da Banker selten Kunstmäzene sind, ist ihnen das Foto lieber.

„Nebenberuflich selbständig" klingt ideal. Man streckt nur die große Fußzehe ins Wasser und findet es gar nicht so kalt. Das Risiko ist deutlich reduziert. Schließlich hat man ja zur Not sein geregeltes Einkommen. Man ist also nicht auf Gewinne angewiesen.

Aber wie steht es um die Chancen? Werde ich überhaupt jemals Gewinn erzielen? Oder bleibt das ganze ein zeitlich befristeter Ego-Trip für unausgelastete und gelangweilte Angestellte und Hausfrauen?

Wir halten den nebenberuflichen Start in vielen Branchen für schwierig. Grundsätzlich überschätzt auch hier der Gründer, wie viel Zeit ihm neben einer Halbtags- oder gar Vollzeitbeschäftigung noch für seine Selbständigkeit bleibt.

Beispiel:

Nehmen wir an, der Gründer mutet sich zusätzliche 20 Stunden Selbständigkeit pro Woche zu. Das ist schon extrem viel. Der bürokratische Aufwand, Verwaltung und Back-Office-Arbeiten verringern sich auch bei einer nebenberuflichen Selbständigkeit kaum. Ebenso bleibt der Zeitbedarf für Akquise und (kostenlose) Kundenpflege recht hoch.

Geben wir unserem Gründer also eine Produktivität, d.h. einen Anteil der an Kunden verkauften Arbeitszeit von 40 %. Setzen wir zudem seinen Stundenlohn mit 35 € an.

Arbeitsumsatz pro Monat: 20 Stunden x 4,3 Wochen x 40 % x 35 € = 1 204 €

Da dürfen die Fixkosten nicht sehr hoch sein! Sonst ist der Kopf gleich unter Wasser! Und das bedeutet: Nur einfache Technik und geringe organisatorische Ausstattung. Dadurch erhöht sich im Regelfall der Arbeitsaufwand. Schlimmer noch: Die meisten machen auch einen unprofessionellen Eindruck auf die Kunden. Somit reduziert sich die nebenberufliche Gründung auf kapital- und organisationsextensive Gründungen wie Masseure und Schwimmlehrer.

Aber es gibt noch einen viel bedeutenderen Aspekt, der für alle Branchen gilt: Mangelnde Erreichbarkeit des Gründers. Akzeptiert der Kunde, dass der Gründer erst ab 15.30 Uhr erreichbar ist? Oder akzeptiert etwa der Arbeitgeber, dass der Gründer während seiner Arbeitszeit über Handy und E-Mail seine eigenen Geschäfte abwickelt?

Beispiel:
Wir rufen zwanzig Telefonnummern aus der Rubrik Gartenpflege der Gelben Seiten an. Bei 60 % meldet sich niemand, bei 20 % der Anrufbeantworter. 15 % haben eine inkompetente Person an der Leitung und nur bei 5 %, sprich einem Betrieb, werden wir geholfen.

Kundenkontakt heißt aber noch lange nicht Auftragsausführung. Akzeptiert der Kunde längere Wartezeiten aufgrund der beschränkten Zeitkapazität des Gründers? Der Gründer muss schon sehr begehrt sein, wenn seine Auftraggeber sich zeitlich nach ihm richten. In der Praxis kennen wir das nur bei der Schwarzarbeit.

Nebenberufliche Selbständigkeit taugt nach unserer Überzeugung selten für einen Start in die Vollexistenz. Allzu häufig bleibt sie nebenberuflich, bis der Selbständige die Lust verliert.

Nebenberufliche Selbständigkeit funktioniert jedoch in gewissen Branchen oder in einer kurzen Übergangsphase.

Eines jedoch wollen wir noch hinterfragen: Welche Einstellung steht hinter diesem Gründungsansatz? Häufig erhöhte Vorsicht, von uns auch Angst genannt. Also schlechte persönliche Voraussetzungen.

8.1. Von zu Hause aus

Zu Hause ist es doch am schönsten. Wir sparen Fahrtkosten, Miete und Nebenkosten, haben es gemütlich und können uns nebenbei um Kind und Kühlschrank kümmern. Eben! Was bedeutet das wohl für Konzentrationsfähigkeit und Produktivität? Welches Maß an Disziplin muss ich aufbringen, um konsequent am Ball zu bleiben? Dennoch: Es geht.

Eine Einschränkung aber hätten wir: Es darf kein Kundenverkehr herrschen. Kunden gehen nämlich ungern in Privatwohnungen. Sie empfinden solche Gründer als unprofessionell. Das bestrafen sie entweder durch mangelnde Akzeptanz oder – noch viel häufiger – über geringere Preise. Solche Gründer liegen häufig mit den Schwarzarbeiter-Tarifen in Konkurrenz. Nicht zu unrecht: Der Gründer tritt ja auch ähnlich auf.

Besteht der Kundenkontakt dagegen nur über Telekommunikation, so kann ein eigener Telefonanschluss in einem Lärm geschützten Raum die Illusion des professionellen Büros aufrecht erhalten.

Doch grau ist alle Theorie. Zwei Drittel aller Gründungen in Deutschland sind mittlerweile nebenberufliche Gründungen. Und professionell wirken die wenigsten von ihnen.

8.2. Mieten

Wenn ich mich zur strikten Trennung von Wohnen und Arbeiten entschlossen habe, ist die wichtigste Vorüberlegung, in welchem Maße ich als

Gründer standortabhängig / lageabhängig bin. Es gibt Unternehmen, die von einer Lage unabhängig sind (z. B. Schafzucht). Für sie ist die Grundrente (Miete) deshalb günstig, weil sie sich den billigsten Standort aussuchen können. Andere sind extrem standortabhängig (z. B. der Handel) und können damit hohen Grundrenten nicht entgehen. Dies trifft vor allem für absatzorientierte Standorte zu, weniger für rohstoff- oder energieorientierte.

Brauchen wir eine zentrale Lage, z. B. die Augustinergasse am Standort Mainz, so müssen wir hohe Grundrente zahlen. Diese Notwendigkeiten zu negieren und sich mit einem Natursaftladen am Stadtrand von Mainz anzusiedeln, würde trotz deutlich geringerer Mietkosten vermutlich den Untergang beschleunigen.

Die Lage ist entscheidend für die Passantenfrequenz, stellt aber auch die Frage nach Parkplätzen.

Neben Standort / Lage als den wichtigsten Kriterien gibt es eine Reihe von weiteren Überlegungen für die Räumlichkeiten: Größe, Ausstattung, Nutzungsmöglichkeiten (gesetzliche und tatsächliche), Renovierungen, Vertragsdauer, Höhe der Miete sowie deren Anpassung.

Sondiert man danach den Immobilienmarkt, so bekommt man schnell einen Überblick über Marktlage und Marktpreise.

Bei der Bewertung sind folgende Aspekte, gewichtet je nach individueller Bedeutung, zu berücksichtigen:

■ **Standortkriterien:** Kaufkraft (GfK-Index),* Konkurrenz, Arbeitskräfte, staatliche Rah-

Ruinöse Mieten sind auch eine Erklärung dafür, dass manche Branche mittlerweile auf dem Zahnfleisch geht

*Die GfK, Gesellschaft für Konsumgüterforschung in Nürnberg, ermittelt deutschlandweit die Kaufkraft in den einzelnen Städten und Regionen. Der entsprechende Atlas ist käuflich zu erwerben.

menbedingungen, Lebensqualität, Mentalität, Strukturentwicklung.

- **Lagekriterien:** Lauflage / Fahrlage, Konkurrenz, Verkehrslage (Parkplatz, U-Bahn), Grundrenten, Wohngebietsauflagen, Erweiterungsmöglichkeit, Lebensqualität, soziales Umfeld, staatliche Umgestaltungskonzepte.

Viel zu verhandeln gibt es nicht, wenn man Flächen in bester Lage sucht. In den Top-Lagen herrscht auch heute noch „Anbietermarkt", d.h., die Vermieter können sich ihre Gewerbemieter noch immer aussuchen.

Und wenn sie sich die Mieter aussuchen können, wählen sie in den seltensten Fällen Gründer.

Denn: Filialisten oder Franchiser etablierter Unternehmen können meistens mehr Miete zahlen und bieten höhere Gewähr für langfristiges Überleben.

In der Gewerbevermietung herrscht Wilder Westen, d.h., es ist vertraglich so ziemlich alles erlaubt, begrenzt nur im Extremfall durch Sittenwidrigkeit.

Weshalb wird – sogar in Nebenlagen – vieles akzeptiert? Weil Gründer zu wenig Erfahrung haben! So folgt oft einem gescheiterten Gründer der nächste, ohne dass der Vermieter die ruinöse Miete senken muss. Vor allem in der Gastronomie gelingt das häufig. Auf die Dauer entstehen dadurch natürlich „verbrannte Lagen".

Ruinöse Mieten sind auch eine Erklärung dafür, dass manche Branche mittlerweile auf dem Zahnfleisch geht. Auch im Goldenen Mainz kennen wir Ladenräume, in denen jährlich der Mieter wechselt.

Für Nebenlagen scheint sich der Markt weitgehend gedreht zu haben. Die Mieten bröckeln, Leerstand beherrscht etliche Straßenzüge und sogar Migranten-Gründer finden Gnade in den Augen des Hausbesitzers. Geringere Mieten bei höheren Kosten für Werbung und Zwang zu hohem Produktnutzen oder Erlebniswert ist hier das Gebot, und da immer häufiger die Kundschaft Umwege scheut, wird oft der Mindestumsatz nicht erreicht, sobald ein Konkurrent in besserer Lage ähnliches anbietet. Und: Die Gefahr der Verödung droht. Alleine richtet man in solchen Vierteln selten was aus. Da braucht es schon eine entschlossene Gruppe von Geschäftsleuten. Private Vermieter, häufig kleinkariert und besserwisserisch, ziehen da selten mit.

Eine systematische Orientierung bietet der Preis- und Mietenspiegel des Ring Deutscher Makler (RDM).

Bei Büroräumen sind die Mieten extrem unterschiedlich, wobei hier neben dem Standort mittlerweile die technische Ausstattung dominiert. Fressen die Banken am Standort Frankfurt weiter eine Nutzungsschneise zwischen Hauptwache und Hauptbahnhof, so explodieren die Büromieten so sehr, dass nicht mal die cybersex-geschädigten Bordelliers mithalten können.

Eine systematische Orientierung bietet der Preis- und Mietenspiegel des Ring Deutscher Makler (RDM), der vierteljährlich etwas Licht in den Nebel der Gewerbemieten wirft.

8.3. Kaufen

Beim Kauf von Räumlichkeiten muss die Prüfung erheblich genauer sein und vor allem um Gebäudezustandsanalysen ergänzt werden. Statt Miete sind dann die Kosten für Finanzierung (Fremdkapitalzins oder langfristiger Eigenkapitalzins) plus Abschreibung, plus Erhaltungsaufwand als kalkulatorischer Kostenposten einzusetzen. Bei Kauf sind die Kosten in den ersten zehn bis 20 Jahren meistens höher als die Miete, das Risiko ist beim Kauf um einiges höher, weshalb nur finanzkräftige Gründer überhaupt an Kauf denken und sich dabei auch mit dem möglichen Wiederverkaufswert oder einer Umnutzung/Vermietbarkeit der Immobilien befassen sollten.

Generell gilt: Kaufen ist für die meisten Gründer weder sinnvoll noch möglich.

8.4. Keine einsame Insel

Wir erleben häufig, dass Gründer bei der Standortwahl nicht auf ihr Umfeld achten. Die Folge: Sie siedeln sich isoliert an. Isoliert von den Kunden, aber auch isoliert von einem befruchtenden Umfeld. In einer Insellage also.

Besser dagegen ist es, dort anzudocken, wo die Zielgruppe bereits verkehrt. Das kann ein Ökozentrum ebenso sein wie ein Fitness-Corner, ein Designer-Haus oder eine Fressmeile. Der Aufwand, Kunden anzulocken, wird dadurch erheblich geringer. Und: Letztendlich profitieren alle von diesem Agglomerationsvorteil.

Die Großen machen es vor: IKEA lockte in Hofheim-Wallau TOYS'R US und McDonald an.

Aber es ist für den Gründer auch persönlich motivierender, die Nähe zu Menschen und Strukturen zu suchen, die er mag. So etwas schafft Atmosphäre, und Atmosphäre zieht Kunden an.

Beispiel: Der Frankfurter Löwenhof, eine stilvoll umgestaltete alte Fabrik, beheimatet heute Designer, Werbetreibende, Webdesigner, Künstler und Agenturen. Und alle sind ein Herz und eine Seele und lieben sogar ihren Vermieter. Dem Besucher entgeht diese Atmosphäre nicht.

Im Idealfall wird so aus einem zunächst billigen Problem-Viertel eine echte Adresse (Bremen Ostertor). Wie schwierig und langwierig das allerdings ist, zeigt das Beispiel „Handwerkerhof" in Baden-Baden. Denn im Gegensatz zur Ansicht der Stadtplaner schaffen nicht die Gebäude das Flair, sondern die Betreiber. Und da muss man erstmal eine kritische Masse zusammen bekommen, bis das zündet.

Besondere Vorsicht ist geboten, wenn der Gründer an einem Ort siedeln will, den er nicht kennt.

Besondere Vorsicht ist geboten, wenn der Gründer an einem Ort siedeln will, den er nicht kennt. Eine vorherige Prüfung ist unumgänglich. Am treffsichersten ist es, in örtliche Lebensmittelmärkte zu gehen, um sich mal umzusehen. Durch die konsequente Anwendung der Warenwirtschaftssysteme gibt das Angebot einen sehr guten Eindruck von der Käuferschicht vor Ort. Beachtet man dazu noch das Benehmen von Käufer und Verkäufer, so weiß man sehr schnell, wo man ist.

Wir wohnen im Ballungsgebiet Rhein-Main und können ein Lied davon singen, wie eklatant sich sogar Aldi-Märkte von Ort zu Ort unterscheiden.

Wer keine Lebensmittel liebt, muss sich andere Indikatoren suchen.

Theorie und Praxis unterscheiden sich in der Vorgründungsphase recht stark. Die Gründerliteratur geht von planvollem Handeln des Gründers und Planbarkeit der Gründung aus. Wir hingegen erleben immer das Gegenteil und prognostizieren daher erbarmungslos das unvermeidbare Gründerchaos. Daher setzen wir nur ein Minimalziel: Das Chaos nicht zu groß werden lassen.

Die Dauer der Vorbereitung hängt von der Art und der Größe des Unternehmens ab. Und natürlich – ganz wesentlich – von den Erfahrungen des Gründers (Branchenerfahrung, Gründungserfahrung). Im Allgemeinen genügen sechs bis zwölf Monate Vorlaufzeit. Wichtig ist, die Maßnahmen im zeitlichen Ablauf sinnvoll durchzuführen.

Die Vorbereitungskosten betragen im Regelfall 1 000 bis 10 000 €, die eigene Arbeitszeit nicht eingerechnet. Daher sollte die Vorbereitung sofort abgebrochen werden, wenn das Vorhaben sich an einem entscheidenden Punkt als nicht durchführbar oder nicht sinnvoll erweist. Wichtig ist, nicht in euphorische Schwärmereien zu verfallen, sondern möglichst viele Personen mit Fachwissen zu befragen und deren Argumente abzuwägen. Alle Kosten, die aus der Vorbereitung resultieren, genannt Vorlaufkosten, können von der Steuer abgesetzt werden, d. h. sparen je nach Steuersatz (siehe Einkommensteuer) Geld. Vorlaufkosten können abgesetzt werden, egal ob die Unternehmung wirklich gegründet oder ob das Vorhaben erst gar nicht begonnen wird.

Diese Möglichkeit zwingt schon vor Beginn der Geschäftstätigkeit zur Ordnung. Die Vorlaufkosten müssen glaubhaft gemacht werden. Dazu

9. VORBEREITUNGSZEIT UND GRÜNDERCHAOS

sollten alle Belege (Rechnungen, Quittungen, Bescheide) gesammelt oder hilfsweise Eigenbelege erstellt werden (z. B. Fahrtenbuch). Absetzbar sind u. a. Reisekosten, Miete für Büro, Verwaltungskosten, Geldbeschaffungskosten, Beratungskosten, Literatur.

Mit einem Abstand von 6 - 12 Monaten vor der Gründung, empfiehlt sich die Teilnahme an einem Gründerkurs. Nicht allein wegen der Information, sondern auch wegen Atmosphäre und Kontakten. Wir halten jedoch wenig von Tageskursen oder von wöchentlich einigen Stunden.

Daher bieten wir – in jedem Frühjahr und Herbst – Wochenendkurse im Spessart (Burg Rothenfels) und in Köln (Gestalt-Institut Köln GIK) an. In 3 Tagen und 2 Nächten entwickeln sich da Prozesse, die sich anderswo nicht entwickeln. Und da wir vorher kräftig sieben, ersparen wir uns und den Teilnehmern so manche nervende Berufsgründer,* die regelmäßig Seminare bevölkern.

Es gibt allein im Rhein-Main-Gebiet rund 50 vagabundierende Gründer. Diese suchen seit Jahren alle einschlägigen Veranstaltungen heim, wenn sie nur keinen Eintritt kosten. Dabei zeigen sie sich meist verhaltensauffällig. Gründen werden sie nie.

Nach dem Gründerkurs ist vieles klarer im Kopf. Und jetzt gilt es, bei den Engpassfaktoren der Planung und Realisation zu beginnen. Die können sehr verschieden sein: Geld? Raum? Marktpreise? Personal? Know how?

Die meisten Gründer jedoch widmen sich wonnevoll dem, was ihnen bei der Gründung am meisten Spaß macht.

Wir bieten in der Anlage unser Phasenschema einer Gründung zum genüsslichen Verzehr. Und für die, die es härter brauchen, das Phasenschema einer Pleite.

10.1. Wozu denn?

Businessplan, Geschäftsplan, Exposé, Konzept. Man wähle den Begriff, den man mag. Aber der Titel macht's nicht einfacher.

Hat man alle wichtigen Vorüberlegungen dokumentiert, so kann das die Grundlage für einen Zug um Zug erstellten Businessplan sein. Schreiben ordnet

- die eigenen Gedanken, da es zur Systematik zwingt. Der Businessplan selbst
- ist Grundlage für die Überzeugung von Teilhabern, Kreditgebern, für Genehmigungen durch die befassten Behörden, fürs Arbeitsamt, die Familie, vielleicht sogar in Teilen für Kunden, Lieferanten und Kooperationspartner.

Der Umfang sollte zwischen zehn und 20 Seiten liegen, der Inhalt nicht zu optimistisch klingen.

Bei der Überarbeitung kann ein Berater notwendig und nützlich sein, denn gerade bei formalisierten Institutionen überzeugt ein Exposé mehr als mündliche Schilderungen, da die Entscheider meist etwas zur Rückversicherung „in der Hand haben" müssen. Die meisten ernsthaften Banker machen ohne Papier vorab nicht mal einen Termin. Und da wo doch Termine gemacht werden, droht das reine Blabla.

Der Businessplan sollte zunächst den Gedanken des eigenen Kopfes entspringen. Innerhalb der subventionierten Existenzgründungsberatung ist es zur Unsitte geworden, dass Unternehmensberater ihren Beratungsbericht, den sie erstellen müssen, um Beratungsförderung zu bekommen, dem

Beratenen auch gleich als Exposé in die Hand drücken.

Der arme Gründer erntet dann bei den Banken bestenfalls Bedauern, oft sogar offenen Spott und Hohn, wenn er mit dem geschönten Papier („Gefälligkeitsgutachten") seinen Kreditwunsch untermauern will.

10.2. Pläne zum Gähnen

Wir müssen im Jahr rund 200 Pläne lesen und langweilen uns im Regelfall maßlos. Der Kreditbanker liest höchstens 50 im Jahr, langweilt sich jedoch genauso. Warum nur?

Warum langweilen Businesspläne?
1. zu lang und sprachlich dröge
2. fachchinesisch und zu detaillierte technische Beschreibung
3. unangenehm prahlerische Selbstdarstellung
4. Probleme und Schwachstellen werden unterschlagen
5. seitenweise Excel-Tabellen in Sechs-Punkt-Schriftgröße

Ergebnis: Der Leser versteht nicht, um was es geht und ärgert sich.

10.3. Pläne, die der Leser liebt

Kein Mensch freut sich über einen Businessplan auf seinem Schreibtisch. Das macht nur Arbeit. Und dennoch gibt es Pläne, die von der ersten bis zur letzten Seite gelesen werden. Warum? Weil sie Interesse wecken, Spaß machen, zum Lesen reizen.

Daher: Businesspläne müssen wie ein Roman geschrieben sein oder – besser noch – wie eine Kurzgeschichte. Nur dann fesseln sie den Leser. Dabei sollte der Gründer den Mut haben, das Ungewöhnliche zu tun und zu sagen. Denn nur das Ungewöhnliche reizt.

Musterpläne, von welch ehrwürdigen Institutionen auch immer verfasst, lassen sich zwar problemlos aus dem Internet ziehen, sind aber stets die Basis für äußerst mittelmäßige Businesspläne. Sie sind ebenso einseitig wie öde und uniform.

„Gefällt mir das Ding nicht, schmeiße ich es nach drei Seiten hinter die Heizung!" gesteht uns einer der profilierten Mittelstandsbanker des Rhein-Main-Gebietes – nach dem vierten Bier. Und da liegt das gute Stück dann, bis irgendein Sachbearbeiter sich erbarmt, es zurückzuschicken.

Eine böse Ausnahme? Sicher nicht! Ausnahmsweise hat es einer halt zugegeben. Beim persönlichen Kontakt läuft es doch ähnlich. Innerhalb eine Minute ist die Entscheidung (Sympathie, Antipathie) gefällt. Der Rest ist Etikette.

Doch bevor wir in Farb- und Stilberatung verfallen, zurück zum **Businessplan**:

1. Aufmachung ein Hingucker
2. klare, übersichtliche Gliederung
3. vorne zwei Seiten Zusammenfassung
4. lebendige Sprache
5. kurze Sätze
6. Aufbau im journalistischen Stil: Wer? Was? Wann? Wo? Wie? Warum?

Jetzt muss der Leser so angefüttert sein, dass er Lust bekommt, weiterzulesen.

Vielleicht nicht alles. Aber mit Hilfe der Gliederung kann er sich ja seine Leckerbissen raussuchen. Unser Kapitel Chancen und Risiken beispielsweise liest nahezu jeder Banker.

Und nach maximal zehn bis fünfzehn Minuten (ja, das ist Realität) legt der Banker das Konzept beiseite und hat ein Bild von Gründer und Gründung im Kopf. Im positiven Fall ist es Neugier. Dann lädt er zum Gespräch. Und die erste Runde ist gewonnen.

Wie wir einen Businessplan gliedern, haben wir in der Anlage dokumentiert.

11.1. Faustformel für den Kapitalbedarf

Bevor die zeitaufwändige und häufig auch nicht kostenfreie Detailplanung beginnt (man denke nur an die geldgierigen Berater...), soll eine Grobkalkulation klären, wie realistisch das Gründungsvorhaben ist.

> **Investitionen**[1]
> + Umlaufvermögen[2]
> + Betriebskosten für x Monate[3]
> + Private Lebensführung für x Monate[4]
>
> = **Kalkulierter Kapitalbedarf**
> + x % Sicherheitsreserve
>
> = **Gesamtkapitalbedarf**

[1]**Investitionen:** Maschinen, Pkw, Ladeneinrichtung, Entwicklung des Marktauftritts.

[2]**Umlaufvermögen:** Waren, Rohstoffe, aber auch Forderungen.

[3]**Betriebskosten:** Regelmäßige monatliche Kosten (Fixkosten) für Löhne, Miete, Werbung, Zins.

[4]**Private Lebensführung:** Alles, was der Unternehmer selbst zur Bestreitung seines eigenen Lebensunterhaltes braucht.

Beispiel:
Gründung eines 12 qm großen Saftladens in der Innenstadt von Mainz.

	Investitionen	20.000 €
+	Umlaufvermögen	2.000 €
+	4.000 € / Monat Betriebskosten für 6 Monate	24.000 €
+	2.000 € / Monat private Lebensführung für 12 Monate	24.000 €
=	**Kalkulierter Gesamtkapitalbedarf**	70.000 €
+	20 % Sicherheitsreserve	14.000 €
=	**Gesamtkapitalbedarf**	84.000 €

Wer jetzt nicht 20 % Eigenkapital (15 000 - 20 000 €) in der Tasche hat oder aus den Taschen von Verwandten und Freunden rausleiern kann, der sollte an dieser Stelle sein Konzept erheblich ändern oder seinen Traum begraben. Er stiehlt sonst nur sich selbst und anderen unnütz die Zeit.

84 000 € für einen 12 qm großen Saftladen? Ja! Denn wir kalkulieren bei den

■ **Betriebskosten** mit Faktor 6, bei der
■ **privaten Lebensführung** gar mit 12.

Was heißt das?

■ **Betriebskosten für 6 Monate:** Wir finanzieren 6 Monate die kompletten Betriebskosten vor. Ab dem 7. Monat muss der Laden aus eigener Kraft kostendeckend arbeiten. Das bedeutet: 4000 € Deckungsbeitrag pro Monat erwirtschaften.

■ **Private Lebensführung für 12 Monate:** Wir finanzieren 12 Monate den gesamten persönlichen Bedarf vor. Ab dem 13. Monat muss der Laden den Inhaber aus eigener Kraft ernähren können. Das bedeutet: mindestens 2 000 € Gewinn nach Steuern im Monat abwerfen.

Doch so kalkulieren leider die wenigsten. Die meisten Gründer glauben: Ich komme, werde gesehen und siege. Sie starten daher in unserem Beispiel mit nur 25 000 € für Investitionen und Waren und hegen die Hoffnung, nach 2 bis 3 Monaten ihre Kosten zu decken, und spätestens nach 9 Monaten ihren Lebensunterhalt erwirtschaften zu können. Nicht nur das Arbeitsamt bestärkt sie in dieser Annahme.

Es ist von vielen Faktoren abhängig, wie schnell der Gründer Tritt fasst. Die wichtigsten:

- **Branche,**
- **Nähe zu den Kunden,**
- **Konkurrenz.**
- Und sicher auch – mit Abstand – die **Qualität** des Produktes oder der Dienstleistung selbst.

11.2. Deckungsbeitrag und Mindestumsatz

Wodurch deckt denn ein Unternehmer seine Kosten oder erzielt gar Gewinn? Ganz banal: Indem er teurer verkauft als er einkauft oder produziert. Wir nennen diese Marge Deckungsbeitrag, nämlich Beitrag zur Deckung der fixen Kosten.

Bleiben wir bei unserem Mainzer Saftladen. Unsere Marktrecherche hat ergeben, dass sich ein Verkaufspreis von durchschnittlich 3 € pro Glas optimal realisieren lässt. Ein höherer Preis würde zu erheblichen Absatzrückgängen führen, während billigerer Saft nur unterproportionalen Mengenzuwachs brächte.

Wir vermuten also bei den Kunden oberhalb 3,00 € eine verstärkte Preisresistenz bis zum Prohibitivpreis. Unterhalb von 3,00 € dagegen ist die Stimulans zu gering, um auf Mengenumsatz spekulieren zu können.

Wir entscheiden uns also für einen Durchschnittspreis von 3 € pro Glas (netto).* Unsere Kosten für Rohstoffe (Obst und Gemüse) liegen inklusive Beschaffungskosten bei 0,30 € pro Glas (netto).

*Wir müssen, wie später erklärt wird, noch **Mehrwertsteuer** auf den Saftpreis aufschlagen, bevor wir ihn veröffentlichen. Darauf verzichten wir in unseren Beispielrechnungen. **Denn: Kalkuliert wird stets netto!**

	Verkaufspreis	3,00 € / Glas
−	Materialkosten	− 0,30 € / Glas
=	**Deckungsbeitrag**	2,70 € / Glas

2,70 € „verdienen" wir also im Durchschnitt an jedem verkauften Glas Saft. Und wäre es Bier oder Schnaps, dann würde genau der Betrag von den dümmeren Wirten nach Feierabend in der Nachtbar noch versoffen und verzockt werden. Mindestens!

Doch unsere Mainzer Saftladen-Besitzer sind schlauer. Gittis Saftladen hatten wir in der ersten Auflage dieses Buches 1985 als Musterbeispiel gewählt. Und siehe da: Gitti und ihre Saftläden finden wir auch 2007 noch in Mainz. Ein Leben für den Saft. Vermutlich hat ihr Erfolg auch etwas damit zu tun, dass sie rechnen kann.

Wenn 2,70 € pro Glas hängen bleiben, wie viel

Gläser müssen wir dann monatlich verkaufen, um unsere Fixkosten zu decken?

$$\frac{\text{Fixkosten / Monat}}{\text{Deckungsbeitrag / Glas}} \qquad \frac{4.000\ \text{€}}{2,70\ \text{€}} = 1.481\ \text{Glas / Monat}$$

Und schon kennen wir unseren **Break-Even-Point**, also den Punkt, ab dem die Fixkosten gebrochen sind. Und jenseits des 1 481 ten Glases beginnt das Gelobte Land.

11.3. Und der Gewinn?

Haben wir den Break-Even erreicht, (auf Deutsch: Gewinnschwelle), wird ab sofort Deckungsbeitrag zu Gewinn: 2,70 € pro Glas. Doch den Gewinn benötigen wir zunächst zum Leben. So lange, bis unsere private Lebensführung gesichert ist.

Berechnen wir also den **erweiterten** Break-Even, nämlich den Umsatz, der uns – bescheiden – leben lässt.

$$\frac{\begin{array}{c}\text{Fixkosten}\\ +\ \text{private Lebensführung}\\ \hline \text{Deckungsbeitrag / Glas}\end{array}}{} \qquad \frac{4.000\ \text{€} + 2.000\ \text{€}}{2,70\ \text{€}} = 2.222\ \text{Glas / Monat}$$

Verkaufen wir 2 222 Glas pro Monat, dann ist das Überleben von Laden und Besitzer gesichert. Und jenseits dieser Absatzmenge wird es sogar lukrativ. Wir erreichen die Profitzone und mutieren zum Kapitalisten, der Geld übrig hat, um es zu horten oder zu investieren.

Mit so einfachen Berechnungen lässt sich die

benötigte Absatzmenge feststellen – nicht nur für einen Saftladen. Runtergerechnet auf den Öffnungstag oder gar die Öffnungsstunde ergibt sich ein erstes Gefühl von Realität oder Utopie. Und somit die Entscheidung: **Weiterlesen oder das Buch weiterschenken!**

1.1. Wie komme ich ins Geschäft?

Die Zeiten, da Konkurrenten liebevoll „Mitbewerber" genannt wurden, sind vorbei. Dem harten Wettbewerb sehen sich nicht nur die Newcomer ausgesetzt. „Früher haben wir gemeinsam mit den Kollegen von der Innung Ausflüge gemacht. Aber heute gibt es kaum noch Kontakt. Jeder sieht im andern nur noch den Konkurrenten im Kampf um den Kunden", bedauert eine Bäckersfrau an ihrem 150sten Geschäftsjubiläum.

Gründer haben zunächst gar keine Kunden. Sie müssen den Markt erst erobern. Das gelingt umso leichter, je wärmer ihre Beziehungen zu Markt und Kunden sind. Ist der Gründer schon stadtbekannt oder branchenbekannt oder kann er gar Kunden seines alten Arbeitgebers mitnehmen, dann erleichtert das den Start erheblich.

Anfänger glauben, Kunden gewinnen sie am schnellsten, wenn sie alles verkaufen und möglichst an alle. Aber:

Wer alles verkaufen will,
verkauft am Ende gar nichts.
Wer an alle verkaufen will,
verkauft an niemanden.

Strenge Eingrenzung der Produktpalette und der Kundenzielgruppe ist der erste Erfolgsgarant. Natürlich verführen Kundennachfragen („Haben Sie auch?" „Können Sie auch?") dazu, das Leistungsspektrum zu erweitern. Aber selten endet das in Leistungen, die sowohl den Kunden zufrieden stellen, als auch gewinnträchtig sind. Meist wird zuviel versprochen, zu wenig gehalten und am enttäuschten Kunden nichts verdient.

Positionierung ist das Zauberwort für den Geschäftserfolg. Nur positionierte Unternehmen können glaubhaft kompetent auftreten. Alle anderen erschöpfen sich in leeren Versprechungen und enttäuschen die Kunden. Es empfiehlt sich, dazu die Werke des deutschen Positionierungspapstes Peter Sawtschenko zu lesen.*

*Peter Sawtschenko, Positionierung, Offenbach 2005; Peter Sawtschenko und Andreas Herden, Rasierte Stachelbeeren, Offenbach 2000.

Die Überzeugung, der Kunde komme von selbst, einfach weil die Beratung so kompetent, das Produkt so gut, so günstig oder so neuartig und der Laden so schön ist, gehört zu den immer noch weit verbreiteten Irrglauben der Gründerszene. Doch der Markt ist heiß umkämpft und von Mächtigen besetzt. Da heißt es findig sein und Nischen suchen. Egal ob auf dem Wochenmarkt oder beim Klinkenputzen: Am Anfang steht der persönliche Verkauf. Es hilft nicht, sich hinter Ladentheke und Internetanschlüssen zu verschanzen und darauf zu warten, dass die Kunden endlich kommen. Der Gründer verkauft zunächst sich selbst und erst dann das Produkt. Wer sich nicht selber verkaufen kann, der hat kaum Chancen. Doch wer sich selbst verkaufen kann, der hat jede Chance.

1.2. Marktlücke

Oft glaubt der Gründer, eine „Marktlücke" entdeckt zu haben, die er beabsichtigt auszufüllen. Typische Formulierungen:
- „Hier fehlt ein ... "
- „Die Leute müssen daher immer ... "

Meist geht er dabei von seinem eigenen Bedürfnis aus, durch das er etwas als fehlend empfindet. Geprüft werden muss zunächst, ob eine genügend große Zahl von Menschen, die auch über das nötige Geld verfügen, den Mangel, sprich das Bedürfnis nach einem neuen Angebot / Anbieter ebenfalls empfindet. Dies muss vor Ort geklärt werden, und auch die lokale Mentalität der Bewohner muss einkalkuliert werden. So würde ein Wiesbadener Geschäftsmann bei oberflächlicher Betrachtung vermutlich feststellen, dass es im Mainzer Handelsangebot an hochwertiger Wohnkultur und extravaganter Mode mangelt. Eine konkrete Analyse jedoch muss ergeben, dass dies auch einen Grund hat, der vor allem in der Provinzialität dieser groß gewordenen Kleinstadt und ihrer Hinterlandkundschaft liegt. Verfestigend wirkt die Nähe zu Frankfurt und Wiesbaden und die daraus möglicherweise resultierende Überzeugung, dass man in Mainz eben nichts Exklusives bekomme und daher zum „Shopping" in eine Nachbarstadt fahren und davon auch erzählen müsse, so man was auf sich hält. Mit diesem Handikap wäre unser Wiesbadener Geschäftsmann beladen, unabhängig von der Güte seines Angebotes. Örtliche Präsenz – für gewöhnlich ein Vorteil – würde hier zum Nachteil. Folgt man dieser Darstellung, ergibt sich, dass in Mainz also keine „Marktlücke" für hochwertige Wohnkultur und extravagante Mode besteht.

Wir sehen, nicht allein der Mangel lässt die Marktlücke entstehen, er muss auch als solcher empfunden und behoben werden können, sprich, ein Käuferpotential muss vorhanden sein.

Nicht allein der Mangel lässt die Marktlücke entstehen, er muss auch als solcher empfunden und behoben werden können!

Die Realität: Vor einiger Zeit übernahm die Sparkasse eines der wenigen exklusiven Möbelgeschäfte in Mainz und verkaufte auf eigene Rechnung! Ein köstlicher Anblick, wenn Banker Möbelhändler spielen müssen, weil sie einen Kredit in den Sand gesetzt haben. Heute präsentieren wieder zwei Geschäfte Schöner Wohnen in Mainz. Wie lange diesmal?

Häufig bieten Gründer völlig neue Produkte und Dienstleistungen. Der Vorteil ist klar: Neue Produkte haben im engeren Sinne keine Konkurrenz. Aber auch noch keine Nutzer! Sie sind daher in hohem Maße erklärungsbedürftig. Und bis jeder potentielle Kunde versteht, was er unter einem „latexiertem Dinkelspelz" oder gar einer „CRM-Lösung auf OS Basis" zu verstehen hat, ist der Gründer entweder verhungert, oder im Erfolgsfall hängt ein Dutzend Nachahmer an seinen Fersen. Schlimmer noch bei den Erfindern: Es gibt unzählige „Prototypen", die „fast" serienreif sind. Doch bis zur gelobten Serienfertigung herrschen Hunger und Verzweiflung.

1.3. Einbruch in Konkurrenzmärkte

Neben der vermuteten Marktlücke gibt es einen weiteren, nicht so häufigen Ansatz für eine Gründung: Die direkte Konfrontation mit der Konkurrenz. „Was der kann, kann ich schon lange." Wir geben zur Antwort: „Das wird nicht reichen. Wenn Du nicht *mehr* kannst, wirst Du scheitern." Wer eine Burg erobern will, braucht meistens ein Mehrfaches an Ressourcen als der, der sie verteidigt.

Wer als Anfänger darauf angewiesen ist, seine Kunden überwiegend der direkten Konkurrenz abzujagen, muss dieser um so höher überlegen sein, je fester die Konkurrenz im Sattel sitzt (sprich, je länger und kapitalstärker sie auf dem Markt agiert).

Dabei wirken die zahlreichen Bedingungen, denen ein Anfänger ausgesetzt ist (mangelnde Kontakte, mangelnde Erfahrung), in der Regel gegen ihn und für die Konkurrenz. Jeder soll sich nur mal in seiner eigenen Konsumentenrolle beobachten und überlegen, was passieren muss, bevor er selbst Bäcker, Bank, Steuerberater oder Stammlokal wechselt. Die direkte Konfrontation mit der Konkurrenz sollte also anfangs tunlichst vermieden, die Marktlücke gesucht werden. Aus dieser heraus ist dann offensiv sein sinnvoll, wenn man sich stark genug glaubt und Handlungssicherheit entwickelt hat.

Eine dynamische Konkurrenz wird jedoch kaum so lange warten und direkt zum Angriff übergehen. Zum Trost: Dynamische Konkurrenz ist in Deutschland selten.

1.4. Käuferpotential

Die Tatsache, dass es in einer Stadt keine Buchhandlung gibt, ist ein notwendiger Bestandteil der Marktlücke, aber keinesfalls ein hinreichender. Zu erforschen wäre, ob es dort überhaupt eine latente Nachfrage nach Büchern gibt, wie groß diese ist, und wo sich die Menschen derzeit mit der Ware Buch eindecken.

Beispiel:
Ein blauäugig-dynamischer Brötchen-Bringer glaubte schon bald nach dem Start, mit einem zusätzlichen Ladengeschäft für Backwaren, Zeitschriften und Kaffeeausschank expandieren zu können. Er nahm sich damit die wesentlichen Vorteile des mietfreien und stationär nicht gebundenen Arbeitens in einer Marktlücke und provozierte das traditionelle Bäckerhandwerk. Die drehten den Spieß um und nahmen ebenfalls die gängigen Zeitungen ins Angebot. Als die geldgierige Bundesbahnverwaltung den Bahnhofskiosk wieder zur Vermietung freigab, stand der 50 Meter entfernt gelegene Brötchenladen im Abseits. Erbärmlich dümpelt er noch drei Monate vor sich hin, mit viel Aufwand kaum noch kleine Brötchen verdienend.

Als erstes sind Qualifikationsmerkmale zu entwickeln, die für unsere Untersuchung wichtig sind, z. B. **Grunddaten:**

- männlich / weiblich,
- ledig / verheiratet,
- Paar / Single / Wohngemeinschaft,

oder **Ausprägungen demographischer Merkmale** nach der Methode des Polaritätsprofils:

- Einkommen,
- Bildung / Ausbildung,
- Kaufkraft,
- Familien- und Wohnverhältnisse.

Gerastert in fünf Klassen von sehr gut bis sehr schlecht.

Wichtig ist, dass nur die für unser Angebot wichtigen Merkmale geprüft werden. So ist z. B. für den Obstverkäufer im Gegensatz zu manch anderem Verkäufer gleichgültig, ob der potentielle Kunde evangelisch oder katholisch ist.

Nach der Zusammenstellung der wesentlichen Merkmale erstellen wir das Profil unseres Wunschkunden (Zielgruppenbildung). Anschließend erheben wir Daten darüber, wie sich die Bevölkerung an dem Ort, den wir als unser Markteinflussgebiet betrachten, zusammensetzt. Je stärker die Abweichung, je weniger Kunden insgesamt unserer Zielgruppe entsprechen, desto eher können wir davon ausgehen, dass kein Käuferpotential für unser Angebot vorhanden ist. Bei geringeren Differenzen oder sehr flexiblen Produkten können wir unser Angebot evtl. dem Käuferpotential anpassen.

Um mit unserem Buchladen zu schließen: Stellen wir fest, dass in unserem Stadtteil nur grüne

Lehrer mit guten Ersparnissen, aber geringer Konsumneigung wohnen, so verzichten wir lieber auf die Gründung und suchen anderswo angenehmere Bedingungen.*

*Sollte es Leser geben, die weder wissen noch glauben, dass Lehrer ungern Geld für Bücher ausgeben und im Regelfall eher Problemkunden sind, dann sollten sie mal in ihrer Buchhandlung nachfragen.

Ein kleines Spiel:
1. In welche Geschäfte gehe ich gerne? Oder: Zu welchem Freiberufler? In welche Werkstatt? Welchen Handwerker rufe ich gerne? Nun? Wie viele sind es??

2. Und jetzt die Frage: Warum gehe ich dort gerne hin?

Spiel verstanden – was gelernt? Na also!

Der Kunde liebt Geschäfte und Menschen, die zu seiner eigenen Welt passen. Jeder Gründer, der das versteht, hat eine Chance. Denn die Germanistin Gabriele Bock sagt: „Es gibt so viele Welten, wie es Menschen gibt."

1.5. Allgemeine und spezielle Marktentwicklung

Jedem dürfte aufgefallen sein, dass mit Abgabenlast und Arbeitslosigkeit die Realeinkommen aus unselbständiger Arbeit sinken, die Unternehmensgewinne dagegen steigen. Das heißt, die breite Masse der Bevölkerung hat weniger Kaufkraft, während ein kleiner Teil über mehr Kaufkraft verfügt. Über die Zielgruppe lässt sich ableiten, zu welchen Kreisen unsere potentiellen Kunden gehören. Deren Kaufkraftentwicklung lässt sich mit Datenmaterial der statistischen Ämter ermitteln.

Außerdem kommt es darauf an, ob das Produkt, das man anbieten will, auf der Prioritätenliste der Einsparungen oben oder unten steht (So soll für Kneipen gelten: Gesoffen wird immer.), ob es sogar besondere Entwicklungen zeigt, weil der Konsument es als Möglichkeit zum Einsparen begreift (z. B. Do-it-yourself-Bedarf, Energiesparprodukte), oder ob ein Konsumverzicht gar zum guten Ton gehört. (Wild-Verzicht: Rettet das Deutsche Reh.)

Zusätzlich müssen soziale und kulturelle Veränderungen beachtet werden, die – oft von der Wirtschaftsentwicklung beeinflusst – zu Nachfrageverschiebungen führen (z. B. Fahrradboom, Reisewelle, regenerative Energie im eigenen Haus). Vorsicht aber. Manches Mal sind es lediglich kurzläufige Trendprodukte (z. B. die Kinderroller, über die auch Manager in der City den Rücken beugten, waren nach einem Jahr fast komplett verschwunden).

In einer Zeit, in der Hochpreisiges und Discount von zwei Seiten das mittlere Preissegment erdrücken, lohnt es sich für Gründer im Regelfall eher, auf der Exclusivschiene zu fahren. Am besten auf einer ganz schmalen Spur. Für die Discount-Schiene sind die Gründer nämlich zu klein.

Schließlich müssen konjunkturelle und strukturelle Veränderungen beobachtet werden (z. B. Autokrise führt zu Strukturverschiebungen, Hochzinsphase zu geringerer Kreditneigung).

Hilfreich sind bei solchen Untersuchungen die Wirtschaftsteile von Tageszeitungen, spezielle Wirtschaftszeitungen, Fachzeitschriften und die Branchenmeldungen der Verbände und Kammern. Mit dem „Gründerboom" haben findige Geschäftsleute den Markt mit solchen Spezialinformationen bereichert (Norman Rentrop, Branchenberichte der Volksbanken, Impulse). Es empfiehlt sich ebenso, die neuen Erkenntnisse der Trendforschung zu beachten.

1.6. Erstkontakt und Kundenbindung

Die Produkte sind austauschbar geworden, und den speziellen Produktnutzen einer Sony-Playstation herauszustellen und zu bewerben ist heute weitgehend Sache des Herstellers. Nicht austauschbar und einzige Chance des kleinen Unternehmens sind dagegen die Kundenbeziehung und die persönliche Dienstleistung. Alle Anstrengungen müssen darauf gerichtet sein, Neugierige zum ersten Mal über unsere Ladenschwelle zu locken, an unserem Messestand zu stoppen, zu einem Anruf zu verführen oder gar dazu zu bringen, uns ihre Wohnungstür zu öffnen.

Doch entscheidend für den Erfolg, nämlich die Bildung einer Stammkundschaft, ist die Frage, wie der Erstkontakt vom Kunden erlebt wird. Häufig stößt die zaghafte Kontaktaufnahme auf ein nicht besetztes Telefon oder einen abschreckenden persönlichen Empfang durch die lustlose Verkäuferin oder den gestressten Inhaber. Kaum ein frustrierter Neukunde gibt uns eine zweite Chance. Oft entscheidet ein Augen-Blick.

Am Anfang muss in die Kundenbeziehung erheblich Zeit investiert werden, und das ist Chefsache. Das Produkt tritt in den Hintergrund, die persönliche Leistung in den Vordergrund der Kundenbeziehung. Das wesentlichste Element dabei ist die Kommunikation. Dies gilt nicht nur für Kiosk und Kneipe. So geht man nicht zum „besten" Masseur, sondern zum bestinformierten, sucht Kontakt von Bäckerei bis Vinothek, von Buchhandlung bis Brummi-Fahrer-Imbiss.

Voraussetzung ist eine kundenfreundliche Stammbesetzung in den Geschäften. Hierdurch ergibt sich ein Vorteil gegenüber großen Ladenketten, die durch zahllose Teilzeitkräfte weder die erforderliche Kontinuität gewährleisten, noch das Personal zu einer Freundlichkeit, die über das McDonalds Lächeln hinausgeht, motivieren können – beides Voraussetzungen für die persönliche Kundengewinnung und Bindung. Persönlicher Verkauf bis hin zum Verkauf über die eigene Persönlichkeit ist also eine der besten Chancen des Kleingewerbes.

Schauen wir doch, was die Großen falsch machen: Selbst die kleinste Sparkasse schottet sich über Call-Center vom Kundenanruf ab. Und wer mit der Telekom kommunizieren will, erlebt nur anonyme Formbriefe, unterzeichnet mit „Ihr Serviceteam" oder „Support des Vorstands". Kafkaeske Situationen sind da häufig.

Neben Bedürfnissen spielen Erfahrungen eine Rolle. Viele Kunden sind sehr stark davon geleitet, wie sie in einem Geschäft behandelt werden. Dabei spielen rein sachliche Gesichtspunkte (fachliche Beratung) in vielen Bereichen eine geringe Rolle (weshalb hierzulande auch so viele schwache Verkäufer Erfolg haben), während die emotionale Seite dominiert.

So wird in einem „Fußball-Fan-Shop" die Vereins-Kutte und die Duz-Form genauso erwartet wie im Juweliergeschäft Anzug und Kostüm. Dabei kommt es nur darauf an, wie der Kunde sich behandelt fühlt. Dies ist vor allem von der Konkurrenz abhängig.

Kein Mensch würde so vermessen sein, an der Kasse des Supermarktes noch Freundlichkeit zu erwarten, doch auch das „Fachgeschäft" lobt nur der, der selten dort kauft. Das ständige „Bitte sehr?" nervt, wenn man sich in Ruhe umsehen möchte. Und es sorgt für Kaufdruck, weshalb die Kunden „zum Umschauen" doch lieber ins Einkaufszentrum ziehen.

Bei kleinen Geschäften ist im Allgemeinen die Schwellenangst der Kunden groß. Kann man im Sommer sein Angebot vor der Tür ausbreiten, so belebt das sichtlich den Umsatz. Passanten können die Ware besichtigen, ohne die Schwelle überschreiten zu müssen. Doch was erleben wir? Ladeninhaber und Personal, die gemeinsam zu bequem zum Außenaufbau sind. Wichtig sind ebenfalls große unverbaute Schaufenster, die Passanten auch nach Ladenschluss Einblick bis in die Regale gewähren. Gute Beleuchtung, Spiegeleffekte und warme Farben gehören heute ebenfalls dazu. Und offene Einganstüren, zumindest von März bis Oktober!

Relativ selten kommt bei Deutschen vor, dass sie sich vor Ort beschweren, denn das ist ihnen doch zu peinlich und „bringt doch nichts", wie sie sich stets versichern. Die wenigen, die sich beschweren, stehen daher für fünf- bis zehnfach soviel Unzufriedene, die sich nicht beschweren. Und was bekommen sie zu hören? „Darüber hat sich bei uns noch niemand beschwert!"

Kunden beschweren sich selten, sind aber erstaunlich konsequent. Viele haben ein Elefantengedächtnis und meiden einen Laden, in dem sie sich einmal schlecht behandelt fühlten, ihr Leben lang, selbst wenn der Laden schon dreimal den Besitzer gewechselt hat.

Kunden beschweren sich selten, sind aber erstaunlich konsequent. Viele haben ein Elefantengedächtnis und meiden einen Laden, in dem sie sich einmal schlecht behandelt fühlten.

Beispiel: Meine Mutter wurde in einer Tengelmann-Filiale in den 1960er Jahren einmal des Ladendiebstahls verdächtigt. Fortan mied sie Tengelmann zeitlebens.

Für den Existenzgründer bieten sich große Chancen, wenn er sich durchdacht und konsequent auf diese Fakten einstellt. Das kann er regelmäßig nur, wenn er sensibel genug ist. Frauen also häufiger als Männer. Überdies spielt für die Kaufentscheidung auch das soziale Umfeld eine große Rolle, nämlich Familie, Freunde, Verwandte, Kollegen und unter diesen wiederum vor allem die Meinungsführer. Daher ist es nicht verwunderlich, dass gerade Kneipen in ihrem Publikum so homogen strukturiert sind.

Diese Überlegungen gewinnen Bedeutung für die Werbung, wobei – abhängig von Produkt /

Leistung – noch unterschieden werden muss, ob der Hauptteil unserer Geschäfte in:

- **Impulskäufen** (Saft im Natursaftladen),
- **Routinekäufen** (Zeitung am Kiosk) oder
- **extensiven Kaufentscheidungen** (Schlafzimmermöbel im Möbelhaus) besteht.

Die Bedeutung des einzelnen Kunden für den Gründer ist recht unterschiedlich. Unsinnig die Behauptung, man müsse um jeden Kunden kämpfen. Das gilt nur so lange, bis man die Klarheit entwickelt hat, welche Kunden sich lohnen. Herrlich die Freiheit, Problemkunden zur Konkurrenz zu schicken.

1.7. Konkurrenz

Grundsätzlich ist jeder Unternehmer unser Konkurrent, denn was der Käufer an Geld beim Metzger lässt, kann er dem Autohändler nicht mehr geben.

Diese globale Betrachtung bringt aber dem Gründer nichts und spielt eher auf der Verbandsebene eine Rolle. Individuell vertragen sich Metzger und Autohändler meist, fühlen sie sich jedoch – auch ideologisch gefördert – als „Geschäftsleute" in einem Boot sitzend, in dem sowohl Angestellte als auch einfache Privatleute (ohne Vermögen und Titel) prestigemäßig keinen Platz haben. Außerdem treffen sie sich vielleicht im örtlichen Handwerker- und Gewerbeverein, wo sie in fröhlicher Runde unter anderem aushecken, wer im Kommunalparlament darüber wachen soll, dass der Hebesatz für die Gewerbesteuer nicht erhöht

Vorsicht
ist geboten, wenn man seine Entscheidung aufgrund einer Momentaufnahme trifft.
Beispiel: *Ein Schreibwarengeschäft hat in ungünstiger Lage zu einer Schule eröffnet, obwohl der Konkurrent direkt an der Schule liegt. Begründung: „Der ist so unfreundlich zu den Kindern, dass die meisten lieber den Umweg zu uns in Kauf nehmen." Dies war völlig richtig beobachtet. Doch nach kurzer Zeit machte der kinderfeindliche Konkurrent zu, fand aber einen Käufer. Sein Nachfolger ist äußerst kinderfreundlich und beliebt, weil der den lieben Schülern mit seinem tollen Kopiergerät die Spickzettel verkleinert – ein Service, der sich rumspricht. Jetzt standen die mit ihrer schlechteren Lage tatsächlich im Abseits. Sie haben die Dynamik der Entwicklung nicht beachtet und gingen rasch zugrunde. Eine unumgängliche Maßnahme wäre gewesen, sich unbedingt eine Option auf Übernahme beim Hauseigentümer offen zu halten, um zu dem günstigen Standort wechseln zu können, sobald der Kinderfeind schließt.*

wird. In vielen Gemeinden sind sie sogar richtig kämpferisch gegen „das Großkapital" ausgerichtet und verhindern mittels Baunutzungsordnung neue Standorte für Großmärkte.

Für den Gründer ist der ein Konkurrent, der das gleiche Produkt oder ein Ersatzprodukt anbietet und in dem Marktgebiet operiert, das er für das Seine hält.

So stellt z. B. ein Bioladen in Marburg für einen in Mainz keine Konkurrenz dar, wohl aber das Mainzer Reformhaus oder mit Einschränkung – der Bio-Großversand. Ähnliche oder gleiche Unternehmen in sicherer Entfernung können uns unter Umständen Informationen liefern und Lieferantenbeziehungen verschaffen. Die Konkurrenz dagegen wird sich abschotten. Wir müssen sie umso sorgfältiger und mit dem nötigen Einfallsreichtum beobachten und erforschen.

Am Schluss einer dynamischen Analyse muss man sich die Frage beantworten können: Wie reagiert die Konkurrenz auf meine Unternehmensgründung? Wird sie mir mit monatelangen Dumpingpreis-Kampagnen einheizen, so kann das in meiner Finanzbedarfsrechnung nicht unberücksichtigt bleiben. Setzt sie die Gerüchteküche in Gang, so muss ich vorher überlegen, ob ich diese abblocken, im Vorfeld verhindern soll oder in die Gegenoffensive gehe. Solche Schmutzkampagnen sind so alt wie die Marktwirtschaft und ändern nur die äußere Form. So war es in den fünfziger Jahren verbreitet, über ausländische Gastwirte zu kolportieren, sie verarbeiteten Hundefleisch in der Küche. Heute dürfte das Gerücht, die Ware stamme aus Kinderarbeit erfolgreicher wirken.

Checkliste:

- ✎ Welche und wie viele Konkurrenten?
- ✎ Wer steckt dahinter (Einzelunternehmer, Ladenkette, Konzern)?
- ✎ Was sind die Unternehmer bzw. ihre Repräsentanten vor Ort für Typen?
- ✎ Finanzkraft der Konkurrenz?
- ✎ Dynamik? (Wie aggressiv sind Werbung? Reaktionsfähigkeit?)
- ✎ Preis- und Sortimentsgestaltung?
- ✎ Wie gehen die Geschäfte der Konkurrenz, und warum gehen sie so?
- ✎ Verhalten gegenüber Kunden?
- ✎ Verhalten gegenüber dem Personal?
- ✎ Verhalten gegenüber Zulieferern?
- ✎ Marktmacht der Konkurrenz (Verhältnis zu Mitbewerbern)?
- ✎ Einfluss der Konkurrenz auf Stadtverwaltung und Kommunalpolitiker?

1.8. Preise und Leistung

Ein typischer Fehler von Neuanfängern liegt in der Preisgestaltung. Häufig glauben sie, sie könnten die alteingesessene Konkurrenz im Preiskampf aus dem Feld schlagen. Außerdem seien die Konkurrenzpreise ja wahnsinnig überteuert und man selbst daher in der Lage, durch niedrigere Preise in den Markt zu kommen und durch größere Absatzmengen den Gewinn sogar noch zu steigern.

Doch es ist eher unwahrscheinlich, dass Gründer günstigere Einkaufsbedingungen haben. Das einzige, was sie billiger einkaufen können, ist meist nur sich selbst.

Außerdem: Schauen Kunden wirklich nur nach dem Preis? Gehen solche Kunden überhaupt in kleinere Geschäfte? Hängt es nicht auch von der speziellen Ware / Dienstleistung ab?

Oder gibt es nicht auch so etwas wie Vertrauen

Beispiel:
Wer kauft eine günstige und noch so tolle Security-Software, die ein pfiffiges IT-Gründerteam entwickelt hat, wenn er Angst haben muss, dass die sich binnen kurzer Zeit völlig zerstreiten (nicht nur IT-typisch!!!)? Anschließend steht er dann ohne Anpassung und Wartung da.

Oder:

Wer ruft eine 0190er Nummer an, wenn der Kanal verstopft ist, wo doch ständig vor Abzocke gewarnt wird? Daher muss und darf ein Anfänger keinen Preiskampf beginnen. Es sei denn: 1., der Preis ist in den veränderbaren Margen kaufentscheidend und 2., er hat preislich mehr Luft (günstigere Bezugsquellen, billigere Arbeitskräfte in Form von „Verwandtenausbeutung", günstigere Mieten). Dies kommt seltener vor, als viele glauben, weshalb man sich zunächst lieber in etwa den Preisen der Konkurrenz (bei vergleichbarer Leistung) anpassen sollte, um deren Reaktionen auf diesem Gebiet nicht unnötig herauszufordern.

in die Qualität und Zuverlässigkeit (vornehmlich bei Dienstleistungen und technischen Produkten) und Sympathie?

Weit wesentlicher und erfolgreicher ist eine Positionierung und offene Kommunikation eines erweiterten Leistungsprogramms. Zusatzleistungen also, die der Konkurrent nicht bringt. Dieses muss kundengerecht sein, erlebbar und auch gewünscht. Eine Leistung, die der Kunde nicht honoriert, ist sinnlos und wirkt eventuell sogar lächerlich (Damasttischdecken auf Tischen einer Säuferkneipe). Oft wird der Wunsch allerdings erst durch das Angebot geweckt. Je höher der Kunde den Nutzenvorteil, den er bei uns erhält, einschätzt, desto mehr Spielraum gewinnen wir bei der Preisgestaltung. Wichtig ist daher, neben dem Produkt bzw. der Dienstleistung einen Zusatznutzen zu bieten, den der Kunde anderswo nicht zu bekommen glaubt.

Zur Leistung gehören neben dem eigentlichen Produkt auch dessen Verpackung, der Service, die Angebotspalette, Kundendienst, Lieferungs- und Zahlungsbedingungen, Garantie und Rückgabemöglichkeiten, Imagevorteil (bei Neuanfängern meist negativ). Daneben spielen zahlreiche subjektive Faktoren eine Rolle, z. B. die Ausgestaltung der Räume, Auftreten des Chefs, Aussehen und Verhalten der Verkäuferinnen.

Auch hier muss untersucht werden, welche Leistungen die Konkurrenz bietet und welche nicht, und vor allem, was von den Kunden gewünscht oder vermisst wird. Ideal ist eine Preis-Leistungs-Gestaltung, die den Kundenwünschen gerade gerecht wird, plus ein Über-

raschungs-Ei. Dies ist bei Dienstleistungen besonders einfach. So kann eine Kosmetikerin ein Stan-
dardprogramm für eine Behandlung zu einem
günstigen Preis entwerfen. Kunden, die mehr zahlen würden, versucht man diesen (Konsumentenrente genannten) Mehrbetrag durch besondere
Leistung abzuknöpfen („Darf es etwas Besonderes
für Sie sein?"). Vorsicht ist auch hier am Platze, damit Personen mit schmalem Geldbeutel sich nicht
diskriminiert fühlen.

Wir beobachten bei Existenzgründern, dass sie
sich bei ihrem Leistungsangebot stets übernehmen. Sie versprechen allen alles und bekommen
dann in der Praxis nichts geregelt.

Die Alternative: Strenge Konzentration auf
das, was dem Kunden wesentlich ist und was die
Konkurrenz nicht bietet. Diesen Nutzen dann
pausenlos propagieren, aber auch tatsächlich erfüllen können. Lieber mit wenig anfangen und
dies ausbauen als umgekehrt.

Beispiel: Viking Direkt, ein Direktversender
von Büroartikeln, hat sich auf wenige Zusatzleistungen beschränkt: Lieferung innerhalb 24 Stunden, 30 Tage Zahlungsziel, volles Rückgaberecht,
Rückgaben werden kostenlos abgeholt, keine
Mindestbestellsumme. Da müssen sich die betuli-
chen örtlichen Bürofachhändler warm anziehen.

1.9. Marketing und Werbung

Der Anfänger glaubt, es reiche, mit einem ansprechenden Angebot zu einem ansprechenden Preis
am Markt zu erscheinen. Doch damit alleine wird

Beispiel:
*Zahnlabore jammern
und jammern. Immer mehr
Zahnersatz kommt aus
China und Polen. Doch die
Bereitschaft, den Zahnarzt
am Stuhl bei der Gestaltung
von Form und Farbe des
neuen Zahns zu unterstützen
(dies wäre bei schwierigen
Fällen oft denkbar), fehlt den
meisten Labors. Lieber sitzen
sie an ihren Werkbänken und
schicken die Ware mit UPS
raus. Das können die
Chinesen auch. Vor Ort
unterstützen dagegen können
sie nicht.*

Beispiel:
*Ein persischer
Maschinenbauingenieur
übernahm eine kleine
Tankstelle. Er wusste, dass er
nur von Zusatzleistungen
leben kann. Und so
plakatierte er: AU sofort,
Reifenwechsel sofort,
Autowäsche innen und außen
sofort. Natürlich klappte das
nie. Mal war die Aushilfe
nicht gekommen, mal die
Anlage defekt und mal
einfach zu viel Betrieb. Erst
verschwanden die Kunden
und schließlich über Nacht
auch der Tankstellenbesitzer.
Die Schilder hängen noch
heute und warten auf den
nächsten Gründer.*

Beispiel:

Vor zehn Jahren gab es bei uns am Ort eine Gaststätte, in der man die Preise der Speisen selbst bestimmen konnte. Sie existierte ein halbes Jahr. Doch noch heute fragen Menschen im Ort nach ihr.

er in unserer reizüberfluteten Gesellschaft überhaupt nicht wahrgenommen. Sein Angebot wird nur zufällig und in kleinsten Kreisen bekannt. Zwar hofft er auf Flüsterpropaganda, doch die wirkt meistens viel zu langsam. Hat er auch noch hohe Fixkosten, wird es schnell eng. Die Anfangsverluste werden nicht enden, und er wird so unbemerkt vom Markt verschwinden müssen, wie er kam, etliche Kunden hinterlassend.

Es gibt zwei Strategien bei Geschäftseröffnung:

- **Der große Bahnhof:** Zur Geschäftseröffnung tanzen die Elefanten, und die Presse berichtet im redaktionellen Teil.

  Jeder in unserer Zielgruppe muss durch unsere Eröffnungswerbung möglichst mehrfach berührt werden, z. B. durch mehrere Werbeträger. Dies verhindert schnelles Vergessen und zeugt (scheinbar) von unserer ökonomischen Potenz. Dabei muss die Werbung dem Angebot angemessen sein. So kann ein Leichenbestatter nicht durch eine Luftschiffwerbung in Erscheinung treten, die er am Standort eines Atomkraftwerks macht. Die Antwort auf die Frage, ob man sich an eine professionelle Werbeagentur wenden soll, ist von Art und Umfang des Unternehmens abhängig. Auf alle Fälle sollte man den Rat von Fachleuten einholen, die Werbung planmäßig und Zielgruppen orientiert betreiben und genügend Geld dafür im Finanzplan einkalkulieren.

- **In den Markt schleichen:** Einfach öffnen, ohne viel Tamtam. Und warten, die ersten Kunden als Pilotkunden ausgiebig beglücken und benutzen gleichzeitig. Lernen, lernen, lernen. Und sich dann als Geheimtipp entdecken lassen. Das geht aber nur, wenn die Fixkosten angenehm niedrig oder der Geldbeutel angenehm voll ist.

Die meisten Gründer wählen eine Strategie irgendwo dazwischen. Wie inkonsequent.

Je genauer ein Werbeträger unsere Zielgruppe abdeckt, desto geeigneter ist er. So ist z. B. für ein Sportfachgeschäft ein lokales Sportmagazin der am besten geeignete Werbeträger, während eine Stehpizzeria in der Mainzer Neustadt, deren Zielgruppe geographisch eingeschränkt ist, durch Handzettelverteilung und Briefkastenwerbung die beste „Trefferquote" erzielt. Als Verkaufsförderung sind Sonderaktionen gerade zu Beginn sinnvoll, z. B. Gutschein für verbilligte Pizza auf den Werbezetteln.

„Der große Bahnhof"
oder
„in den Markt schleichen"?
Entweder-Oder!
Alles andere ist
inkonsequent!

Wichtig ist der Erstkontakt. Ist er hergestellt, kann das Angebot überhaupt erst wirken.

Die Hemmschwelle, ein neues Geschäft zu betreten, ist für viele groß. Die Flüsterpropaganda, d. h. Weiterempfehlung durch zufriedene Kunden über deren soziales Kontaktfeld, ist dabei weit erfolgreicher als jede Werbung, dauert jedoch einige Zeit und kann durch negative Flüsterpropaganda unzufriedener Kunden oder gar von der Konkurrenz konterkariert werden.

Neben Werbung und Verkaufsförderung sind die Öffentlichkeitsarbeit und der persönliche Verkauf zu nennen.

Man sollte sich nichts vormachen: Zwar fördern die Zahl der Vorzimmer und der seltene persönliche Auftritt des Unternehmers unter Umständen dessen Image („mach dich rar, sei ein Star"), der Anfänger kann sich einen solchen Luxus aber selten leisten. Er muss auch mit scheinbar unbedeutenden Kunden persönlich reden, stets präsent und dienstbereit sein. Dies macht unseres Erachtens die unvermeidbare Hauptbelastung des Unternehmers aus. Mit zunehmender Etablierung kann er sich dann vom direkten Kontakt zurückziehen, d.h. diesen gezielter einsetzen und Routineverkäufe delegieren. Dies sollte jedoch auch später behutsam geschehen und nie vollständig. Ohne persönlichen Touch fühlt sich ein Kunde schnell vergessen und wendet sich denen zu, die sich mehr um ihn kümmern. Hier sei auf die wichtige Rolle des Personals hingewiesen, das den Chef auch in den Augen der Kunden in Routinesachen vollständig ersetzen können muss.

Beispiel: Ein junger Bäcker macht sich in einer Kleinstadt selbständig. Doch er ist Bäcker, kein Verkäufer. Und Single. Also verbringt er den Tag mit der Aufbereitung von Halbfertigwaren (eine eigene Produktion hat er nicht.), die er selbst bei der Bäckereigenossenschaft holt und in die Läden bringt. Und wer verkauft? In der einen Filiale seine schwerhörige Mutter, in der anderen hübsche junge Frauen, meistens branchenfremd und häufig wechselnd. Wundert sich da noch jemand, dass keine Atmosphäre in den Läden aufkommt?

Übrigens: Nichts gegen hübsch, aber auch nichts gegen branchenfremd. Sarah Wiener, eine von Kerners Köchinnen, sagt: „Ich suche mein Servicepersonal danach aus, ob sie ein Mehr an Freundlichkeit und Hilfsbereitschaft verkörpern.

Bei Fachkräften erlebe ich oft Arroganz und Kundenbevormundung."

Aber noch eine Chance entgeht nicht nur unserem jungen Bäckermeister: Nur wer selbst Kundenkontakt hat, der bekommt auch mit, was die Kunden an Angebot und Angestellten bemängeln. Das Ohr am Kunden ist die beste Marktforschung.

Schließlich sei noch auf die Bedeutung des **Firmensignets (Logo)** hingewiesen, das zu entwickeln man einem Grafiker überlassen sollte. Es darf nämlich nicht dilettantisch wirken und sollte mit Schriftzug und eventuellem Slogan (Claim) einheitlich entwickelt werden. Es muss bei jeder Werbung, auf Briefbögen, Visitenkarten und am Eingang, auf den Firmenfahrzeugen und der Homepage platziert werden. Nur so kann es sich den Kunden schnell einprägen.

Beispiel: Unser Jungbäckermeister hat ein wunderschönes Logo entwickelt. Anfangs zierte es jede Papiertüte. Doch dann wollte oder musste er sparen. Und heute quetschen seine Verkäuferinnen die Backwaren in die grässlichen Standardbäckertüten.

Wer einmal in Frankreich erlebt hat, wie liebevoll dort Kuchenstücke verpackt werden, genießt den Unterschied.

Gleiches gilt für hiesige Metzger. Sie stechen mit der Gabel (lustvoll?) ins vorgeschnittene Fleisch, um es aus der Theke zu holen. Gibt es keine Edelstahlzangen in Deutschland?

Nur wer selbst Kundenkontakt hat, der bekommt auch mit, was die Kunden an Angebot und Angestellten bemängeln. Das Ohr am Kunden ist die beste Marktforschung.

1.10. Zeitungsanzeige

Eine besondere Bedeutung hat für viele Unternehmen die Anzeige in der Zeitung. Sie ist unproblematisch aufzugeben („schalten" heißt das in der Fachsprache), aber teuer und wird, wie wir in zahllosen Tests im Rahmen unserer Kurse festgestellt haben, fast immer preislich unterschätzt.

Doch auch die, die die Preise kennen, machen meistens einen viel bedeutenderen Fehler: Sie überschätzen die Anzeigenwirkung.

Jeder Leser sollte jetzt mal eine Pause einlegen, um den „Anzeigenfriedhof" einer Zeitung aufzuschlagen. 10 Seiten blättern, 15 Sekunden pro Seite. Und dann sich hinsetzen, um aufzuschreiben, welche Anzeigen ihm in Erinnerung sind. Stopp! Vorgewarntsein verfälscht das Ergebnis. Daher den Test mal mit anderen machen.

Nun, wie viele sind es? Welche Größe haben sie? Welche Gestaltung? Dominieren die Produkte, zu denen man selbst eine Affinität hat?

Sicher ist: Die meisten Anzeigen werden schlichtweg übersehen.

Genau so sicher: Der Gesamtseiteneindruck ist optisch meistens grauenhaft.

Doch was bringt eine Anzeige? Oder: Was müsste sie bringen?

Wenn man die Zahl der Anrufer / Besucher exakt feststellen könnte, die aufgrund einer solchen Anzeige mit dem Inserenten in Kontakt treten, dann würden die Werbekosten pro Werbeberührten deutlich.

Beispiel: Eine Zeitungsanzeige unseres Saftladens wird von 200 Lesern wahrgenommen und bewegt 20 Neugierige, sich unseren Saftladen mal anzusehen, davon kommen dann 15 wirklich rein und trinken Saft.

Kosten pro Werbeberührtem

$$\frac{\text{Werbekosten}}{\text{Werbeberührte}} \qquad \frac{500}{20} = 25\ \text{€}$$

Die gleiche Rechnung kann man statt pro Werbeberührtem auch pro Kunden machen.

Ergebnis: Soviel Saft können die 15 Leute, die wirklich den Laden als Kunden betreten, gar nicht trinken, damit die Anzeigenkosten (33,33 € pro Kunde) wieder reinkommen. Daher können unsere Saftladenbesitzer nur darauf hoffen, mit jeder Anzeige einige Stammkunden zu gewinnen, die möglichst noch Flüsterpropaganda machen.

Erfolgreicher sind Anzeigen im Textteil der Zeitung. Die sind aber viermal so teuer, was auch sein Gutes hat, da sonst jede Zeitung bald wie ein Anzeigenblatt aussähe.

Natürlich können sich große Unternehmen Schaltungen im Textteil locker leisten und haben daher auch hierdurch Wettbewerbsvorteile. Ein bisschen billiger werden die Anzeigenpreise durch Mengenrabatte. Je größer und etablierter eine Zeitung, desto weniger kann man jedoch handeln. Außerdem sind viele Zeitungen zu so genannten Zeitungsgruppen zusammengeschlossen, d.h., es gibt weniger Konkurrenz, was die Preise stabiler bleiben lässt.

Kleinere, neue Zeitungen und Anzeigenblätter müssen dagegen oft erhebliche Zugeständnisse

Den Inhabern des Glasperlen-und-Knöpfe-Ladens in Mainz war schnell klar, dass ihre 400 € teuren Zeitungsanzeigen in der Lokalpresse nicht die optimale Werbung sind, zumal sie damit bestimmte Teile ihrer Zielgruppe (Schülerinnen) kaum erreichten. Also beschlossen sie, Glasperlen aus Werbezwecken zu verschenken. Da aber Perlen zu klein sind, um publikumswirksam verschenkt werden zu können, legten sie je eine Perle in ein aufgeblasenes Cellophan-Tütchen, gaben eine kleine Visitenkarte bei und banden das Tütchen zu. Mit einem Korb voller Werbegeschenke gingen sie dann durch die Cafés und vor Schulen. Die Aktion kostete, die eigene Arbeitskraft nicht gerechnet, weniger als eine Zeitungsanzeige und erreichte ca. 1 000 Personen. Die Verteiler trugen natürlich selbst gebastelten Perlenschmuck.

machen, um Anzeigen zu verkaufen. Bei denen ist zu fragen, ob und von wem das Blatt überhaupt gelesen wird. Oder, gerade bei den kostenlosen Blättern, wie gut es verteilt wird.

Aus der Problematik lässt sich, ist man auf Zeitungsanzeigen angewiesen, nur eine Folgerung ziehen: Die Anzeige muss, so klein sie ist, auf jeden Fall auffallen. Oft ist ein Grafiker nötig (Engagierte Design-Studenten gibt es ab 30 € / Stunde).

Wichtig ist, die rechteckige, gradlinige Form, die im Anzeigenfriedhof herrscht, zu durchbrechen. Auch klein fallen sie dann auf. Jedoch, eine Warnung sei gleich angeschlossen: Je mehr Inserenten die herkömmliche Form verlassen, umso mehr nutzt sich dieses Mittel ab.

Und noch was ist wichtig: Man entwerfe die Gestaltung der Werbung möglichst frühzeitig. Denn zur Eröffnung hin ist die Hektik groß, und dann sind schnell aus Zeitnot Zugeständnisse zu Lasten von Qualität / Originalität gemacht.

Oder aber man macht es sich zum Grundsatz, auf Zeitungsanzeigen komplett zu verzichten. Der Vorteil: Jetzt ist man gezwungen, die eigene Kreativität zu bemühen, um bessere Alternativen zu finden. Das kostet aber noch deutlich mehr Zeit und Phantasie.

1.11. Homepage

Natürlich braucht jeder und hat fast jeder Gründer eine Internetpräsenz. Schon allein aus Imagegründen. Jedoch sind uns nur wenige Fälle bekannt, in denen dadurch nennenswert Kundschaft generiert wurde. Das liegt nicht nur an mangelnder Parallelbewerbung der Adresse durch die traditionellen Werbeträger. Das liegt nicht an den gemeinen Suchmaschinen, die ausgerechnet unsere Homepage nicht auf Seite 1 listen. Es liegt einfach an uns selbst.

95 % aller Internetauftritte sind sterbenslangweilig. Statt den Kunden und seine Bedürfnisse anzusprechen überwiegt, wie bei den übrigen Werbeträgern auch, die Selbstdarstellung. Zudem erleben wir mit jedem Klick eine extreme Textlastigkeit. Deutlicher: Viel dummes Geschwätz. Und das steht dann da, von Aktualität unbeeinflusst, Monate bis Jahre.

Ein Internetauftritt wirkt nur dann und zieht nur dann regelmäßig Kunden an, wenn die Seite – ähnlich wie jedes Schaufenster – wöchentlich erneuert wird. Tote Seiten, wenig Klicks.

Doch viele Gründer haben weder die technische Fähigkeit, selbst zu dekorieren, zu schreiben und zu installieren, noch die Zeit oder Lust dazu. Und die Leistung einkaufen ist ihnen zu teuer.

Internetpräsenzen bringen für Unternehmen (Ausnahme Versandhandel) am meisten, wenn sie als Informationsbörse vor dem stationären Einkauf genutzt werden können. Da wundert es dann schon, dass nicht mal Sterneköche in der Lage sind, die aktuelle Speisekarte auf ihre Homepage zu bringen.

Und noch eines wundert uns: Die meisten haben nicht den Mut, Preise zu nennen. Transparenz als Gefahr? Oder als Chance?

1.12. „Bitte keine Werbung!"

„Wer nicht wirbt, stirbt", texten Zeitungen in trauter Eintracht. Sicher nicht ganz ohne Eigeninteresse. Aber mit den Todesursachen bei Unternehmen ist das so eine Sache. Die Diagnose ist schwierig, da das Krankheitsbild so trügerisch gleich: So wie stets am Ende des menschlichen Lebens der Körper nicht mehr atmet, ist am Ende des Unternehmenslebens stets das Geld alle.

Zu wenig geworben – zu früh gestorben? Werbung bedeutet Kosten und damit zunächst einmal eine Verschlechterung des Krankheitsbildes. Die Hoffnung besteht in der Gewinnung neuer (!) Kunden, die zusätzlichen Umsatz bringen, dadurch die Werbung bezahlbar und schließlich die Gewinnzone erreichbar machen und so das Unternehmen stärken. Und wenn das auch alles schnell genug geht, dann mag es ja sinnvoll sein. Wir haben da unsere Zweifel, die sich von Jahr zu Jahr verschärfen.

Beeindruckt Werbung noch?
Grundlage dieser Werbeeuphorie ist der Glaube, dass die Kunden freudig und dann kauffreudig auf unsere Werbung reagieren, und dass sich die Werbekosten rechtfertigen. Wir beobachten jedoch genau das Gegenteil: Erstens sind die Kosten satanisch hoch, zweitens ist die beobachtbare Wirkung erschreckend gering.

Schlimmer noch: Die Akzeptanz von Werbung ist so gering wie noch nie. Selbst Parteifreunde hätten mittlerweile ein „Bitte keine Werbung"-Schild auf ihrem Briefkasten, stellt ein örtlicher

CDU-Vorsitzender erschüttert fest („Wer Nein zur Werbung sagt, sagt Nein zur Marktwirtschaft."). Doch nicht nur voll gestopfte Briefkästen und prospektgespickte Zeitungen, auch die Werbeunterbrechungen in Spielfilmen und Ringpausen nerven die Bevölkerung zunehmend. Klar, bestätigen uns die Werbeleute, das liegt eben daran, dass Werbung oft so schlecht gemacht ist. Und prompt benennen sie die jährliche Werberolle von Cannes als Vorbild, wegen der die Menschen sogar extra ins Kino gehen.

Stimmt, im Wettkampf der Agenturen werden nur die pfiffigsten siegen. Den Rest straft Nichtbeachtung bis Zorn der Werbebelästigten. Also ein durchaus marktwirtschaftlicher Wettbewerb. Nur, können Kleinunternehmer und Mittelständler da überhaupt noch mithalten? Man schaue sich ihr Werbebudget und ihre Phantasie an und stelle fest: Nein! Der Kampf der Giganten wird mit vier Farben und drei Dimensionen ausgetragen. Da sollte sich der Gründer lieber raushalten. Er kann durch traditionelle Werbemethoden kaum noch auffallen und hat oft nicht mal mehr die Chance, damit Mitleid zu ernten.

Der Gründer kann durch traditionelle Werbemethoden kaum noch auffallen. Ein Blick auf die Methoden des Guerilla-Marketing regt die Phantasie an.

Das spricht nicht gegen jegliche Art von öffentlichkeitswirksamen Maßnahmen, wohl aber gegen jegliche traditionelle Werbung von Anzeige bis Wurfsendung.

Ein Blick auf die Methoden des Guerilla-Marketing regt die Phantasie an.

Worauf zielt der Werbefeldzug?

Ein weiterer Fehler steckt in der Werbeideologie. Ziel ist heute noch die Neukundengewinnung über wildes Trommeln. Aber die Zeiten haben sich geändert. Die Märkte sind verteilt, die Kunden stehen im Wesentlichen auf den Weiden der Konkurrenz. Sie abzuwerben ist jedoch oft einfacher, als man glaubt, denn ihre Betreuung ist mangelhaft. Doch die Methoden müssen subtiler werden. Gerade die traditionellen Unternehmen sind immer noch auf großer Jagd nach neuen Kunden. Mit welchen Mitteln und Erfolg auch immer. Stammkundenpflege dagegen ist kaum ein Thema („die kaufen doch sowieso schon bei uns").

Worauf zielen wir?

Umgekehrt wird ein Schuh daraus. Wir behaupten, dass sich das Hauptaugenmerk heute auf die Stammkundenbetreuung richten muss, weil sonst die Gefahr der diskreten Abwerbung und Abwanderung groß ist. Neukunden gewinnt man heute viel eher dadurch, dass man die Stammkunden als Multiplikatoren einsetzt. Also dezent, sachte und ohne lautes Werbegeschrei, das sowieso niemand hören will. Das kostet Zeit, denn Weiterempfehlung und Einzelgespräch ist zwar die beste, aber auch die langsamste Form der Werbung und branchenabhängig unterschiedlich üblich (Restaurants) oder unüblich (Bordelle). Auch der gezielte Einsatz von Multiplikatoren („Was empfiehlt der Steuerberater seinen Zahnärzten?") ist sehr erfolgreich.

Haben wir soviel Zeit?

Diese Zeit „kaufen" wir uns, indem wir bei der traditionellen Werbung sparen. Also: Nicht breitflächig werben, um schneller ins Geschäft zu kommen, sondern sparsam beginnen, um sich eine längere Anlaufzeit leisten zu können. Wir nennen diesen Ansatz in den Markt schleichen. Die Alternative zum „Grossen Bahnhof" also.

Sparen müssen wir dann natürlich vor allem bei den bedeutenderen Kostenpositionen von Abschreibung bis Personal. Denn nur wenn wir die Fixkosten gering halten, können wir uns leisten, zunächst als Geheimtipp zu operieren und auf die Entdeckung durch die Kunden zu warten.

Wie kommt der Neuling an Kunden?

Gut gebrüllt, jedoch das ist ein Buch für Gründer, und wie sollen die erst mal an Stammkunden kommen? Nun, vornehmlich über die Ochsentour, das heißt, unter Einsatz der eigenen Persönlichkeit im Kundenkontakt. Und wer da Schwierigkeiten hat, der muss teuer zahlen.

Patentrezepte können nur dümmlich wirken, weil jede Branche ihre eigenen Gesetze hat. Jedoch folgende Schwerpunktsetzung halten wir für sinnvoll:

1. **Visitenkarte und Geschäftspapier.** Unbedingt in den Entwurf investieren: Zeit wie Geld. Das gilt für nahezu alle Branchen, mit Abstrichen im Handwerk.
2. **Schaufenster.** Für jedes Schaufenster jeden Monat drei bis fünf Stunden in Dekoration investieren. Je besser die Lage, desto größer die Bedeutung.
3. **Telefonbesetzung.** Beim ersten Anruf fällt die Vorentscheidung. Nicht oder schlecht besetzte Telefone sind kundenfeindlich. Das gilt für al-

Wir wollen ein weiteres Beispiel nennen: Eine Buchhandlung in einer Kleinstadt wollte expandieren. Sie bewarb mittels Briefkastenwerbung die 6 000 örtlichen Haushalte. Die Werbung war pfiffig gestaltet. Erkennbares Ergebnis: 10 bis 15 neugierige Neukunden und drei bis fünf Beschwerden über die unaufgeforderte Briefkastenwerbung. Kosten: 3 000 € pro Aktion. Auf Deutsch: Jeder Neukunde kostete rund 250 €. Nach zwei Jahren stellte die Buchhändlerin um: Nur noch 2 000 persönliche Anschreiben an Kunden, die schon mal ein Buch im Laden bestellt hatten. Wir nennen das Warm-Akquise. Ergebnis: Tagelang war die Hölle los. Fröhliche und freundliche Reaktionen dankbarer Kunden, die sich geehrt fühlten, dass sie angeschrieben wurden, und sogar melden, wenn sie umziehen. Keine Beschwerden. Kosten: 1 000 € pro Aktion. Erkenntnis: Kalt-Akquise, das Umwerben von Nichtkunden, ist weit teurer und erfolgloser als Warm-Akquise, das heißt Umwerbung von Menschen, die bereits einmal Kontakt mit uns hatten.

le Nicht-Ladengeschäfte, auch und gerade im Handwerk.

4. **Raumgestaltung.** Ob Laden oder Büro: Überall, wo Kundenverkehr herrscht, ist der optische Eindruck entscheidend. Wo Kunden keinen Zugang haben, darf es dagegen spartanisch aussehen, und es reicht aus, das Hauptaugenmerk auf eine vernünftige Arbeitsorganisation zu legen.

5. **Specials.** Unerwartetes Mehr an Leistung, z. B. tolles Geschenkpapier, kostenlose Inspektion, Homeservice, aber auch gezieltes Abraten vom Kauf bei offensichtlich falschen Vorstellungen auf Kundenseite.

6. **Presse.** Jede Möglichkeit nutzen, in die Nachrichtenspalte der Presse zu kommen, ob karitativ oder provokativ. Mit Aktionen Themen besetzen, Pressemitteilungen verschicken, die zuständigen Redakteure anrufen. Wenn's gut geht, gibt's einen netten Artikel im Lokalteil der Zeitung.

   Bestes Beispiel: Detektivbüro „Adler" führt regelmäßig Kinderdetektivkurse im eigenen und in benachbarten Orten für Vereine oder Geschäfte durch. Und regelmäßig erscheint ein Foto mit den lieben Kleinen und dem netten Detektiv nebst einer detaillierten Kommentierung der Aktion. Das nennt man PR. Allerdings berichtet die Presse in der Regel nur über „Events" bzw. Ereignisse, die für sie von Interesse sind. Da haben's Blutzucker-Mess-Tage der Apotheke schon schwerer!

2.1. Marktrecherche

Wie schon angedeutet, spielen die kalkulierten Preise und Mengen für die Ermittlung der benötigten Finanzmittel eine entscheidende Rolle. Für den Anfänger ist diese Kalkulation erheblich schwieriger als für den Profi, der aufgrund langjähriger Erfahrung bereits ein Gespür für die Vermarktungslage entwickelt hat. Grundsätzlich bieten sich drei Möglichkeiten, um sich der Bewertung unserer Marktchancen zu nähern.

2.1.1. Teilmarkt

Wir schneiden aus „unserem" Markt einen möglichst repräsentativen Teilmarkt heraus und bearbeiten ihn intensiv. Dies ist billiger, als auf dem Gesamtmarkt einzusteigen, und schafft dennoch einen Überblick über das Kundenpotential.

Auf diesem Teilmarkt können wir dann nach Herzenslust auch Preis-, Marketing- und Leistungstests durchführen, ohne dass unsere Fehlversuche gleich überall bekannt werden.

Problematisch daran ist, wie ein solcher Markt geschaffen werden kann und ob er sich so einfach abgrenzen lässt. Abgrenzungsmöglichkeiten:

- Aktivität nur in einem eng abgegrenzten Gebiet
- Werbung nur mit bestimmten Werbeträgern bzw. Werbemitteln
- Scheinanzeigen, d. h., wir bieten etwas an, was wir noch gar nicht besitzen, um die Resonanz zu testen (eine oft von Bauträgern benutzte Methode)
- Pilotkunden suchen, finden, testen, auswerten

Beispiel:
Wir wollen Großstädtern für ihre Hinterhöfe und Gärten einen „Schlafsack für Ohrwürmer" verkaufen, damit sie auch ihren Teil zum Erhalt der Natur in der Stadt beitragen können.
Berlin bietet sich an, um als Teilmarkt getestet zu werden.
Also rein in die Berliner Szene-Presse, Rundbrief an alle Öko-Bürgerinitiativen, „Schlafsäcke" als Kommissionsware in alle Bioläden, Buchläden, Gärtnereien usw. bringen, Stände auf Stadtteilfesten, Messen, Ausstellungen.
„Schlafsäcke" über Lehrer und Erzieherinnen an Schulen und Kindergärten verschenken, die über eine Grünanlage verfügen.
Natürlich muss ein flotter Slogan kreiert werden („Jute hält den Ohrwurm warm").
Die Testmarktaktion soll zeitlich begrenzt sein. Gelingt es uns innerhalb der Zeitvorgabe nicht, die projektierte Zahl von „Ohrwurmschlafsäcken" zu verkaufen, so wird die Aktion abgebrochen, der Restbestand an einen Bio-Versandhandel zum Dumpingpreis verscherbelt.
P. S.: *Kein Witz! Dieses mit Holzwolle gefüllte Jutesäckchen zum Aufhängen in Bäumen und Sträuchern gibt es für 5 €.*

Auch ist es schwierig, das Problem der Repräsentativität zu lösen. Wir müssen hierbei auf die Klassifikationsmerkmale unseres Marktes zurückgreifen und diese auf den Testmarkt anwenden. Kommt der Testmarkt unserer Zielgruppe näher als das durchschnittliche Käuferpotential unseres Marktgebietes, so müssen Abstriche vom Umsatzergebnis gemacht werden.

Hat man schon einen „guten Namen", so empfiehlt es sich, die Aktion Testmarkt unter dem Namen eines neuen Unternehmens zu beginnen, so dass das Misslingen der Aktion nicht neben Geld noch den Ruf kostet.

Geht es dagegen gut, so wird die Aktion, mit dem Erfahrungsschatz untermauert, unter dem guten alten Namen fortgesetzt.

Um die Einstiegsmöglichkeit mal ganz tief zu hängen: Notfalls kann sogar ein Flohmarkt als Testmarkt dienen.

2.1.2. Vergleichsmarkt

Wir suchen nach einem Gebiet, wo ähnliches aufgezogen wurde, wie wir es vorhaben, und bereisen dieses.

Beispiel: Wir wollen für Mainz eine Sportzeitung herausgeben. Wir wissen, dass es so etwas schon in Hamburg gibt und fahren hin. Der dortige Unternehmer ist kein Konkurrent und vielleicht so freundlich, uns einiges zu erzählen (Erfahrungsaustausch), wenn wir ihn zu einem tollen Essen einladen, ihm kräftig schmeicheln und die Vorteile einer Zusammenarbeit, heute Netzwerk genannt, oder ein paar heiße Tipps ausspielen. Beißen wir bei ihm auf Granit, so lässt sich vielleicht auf Umwegen etwas erfahren: über sein Personal, morgendliche Verfolgungsjagd der Abo-Austräger, Rundlauf durch alle Hamburger Kioske mit der Frage, ob sie die Zeitung führen und wie gut sie geht, wer sie kauft. Anfrage bei Vereinen, in der Druckerei, fingierter Anzeigenauftrag mit der Bitte um Vorlage der Media-Daten.

Kurz und schlecht: Je größer der Umweg, desto mehr Arbeit und desto größer die geforderte Phantasie.

Nächste Adressen sind die IHK Hamburg, der Zeitschriftenverlegerverband, evtl. ein Unternehmensberater. Dann müssen wir Hamburg mit Mainz vergleichen: Einwohner, Sportvereine, Sportarten, Konkurrenz. Vielleicht stellen wir jetzt fest, dass Hamburg und Mainz kaum vergleichbar sind, aber auch in Bochum eine solche Sportzeitschrift existiert. Dann beginnt die Sache von neuem, und am Start in Bochum wird man feststellen, um wie viel planmäßiger man die Untersuchung organisiert und was man selbst bereits an Erfahrung dem Branchenkollegen in Bochum zum besten geben kann.

Im Zeitalter des Internets lassen sich zwar eine Vielzahl von Informationen bequem vom Schreibtisch aus googlen. Auf Direktkontakt und Insiderwissen deshalb zu verzichten wäre dennoch töricht.

2.1.3. Statistik

Schließlich bleibt die Möglichkeit, Statistiken zu wälzen. Adressen dabei sind die Fachverbände, Fachzeitschriften, Statistische Landesämter, Institut für Handelsforschung Köln, die alle über Branchendaten verfügen. Ohne Scheu sollte man Journalisten, die über betreffende Branchen etwas geschrieben haben, anrufen und zu ihrer Meinung befragen, was in unserem Beispiel Sportzeitung jedoch nicht ratsam ist, da sie vielleicht Konkurrenz wittern.

Daneben geben sowohl die Volksbanken als auch die Sparkassen Branchenreports heraus.

Bei den Branchendaten sollte man sich an den Mindestumsatzzahlen orientieren, denn ein Anfänger steht fast immer schlechter da als der Durchschnitt der Branche. Je besser das Zahlenmaterial von uns aufbereitet und präsentiert wird, desto leichter ist es auch, einem Banker den Kreditwunsch näher zu bringen. Er liebt Statistiken und Marktdaten. Zudem steigt seine Achtung vor unserem Können und unserem Fleiß. Das zeigt Ernsthaftigkeit. Als Krone des Ganzen sollte man die Zahlen auch noch kurz „problematisieren" und dann ins Exposé heften.

2.1.4. Absatzplanung und Umsatzplanung

Kommen wir auf unseren Saftladen zurück. Wir kalkulieren, abgesichert durch genannte Methoden, mit 3,00 € / Glas und mit folgenden Monatsmengen.

So weit die Absatzprognose. Diese Sollzahl sollte jeden Monat mit der Ist-Zahl verglichen werden. Eine aktuelle Umsatzgraphik gehört an die Wand des Chefzimmers. Wir stellen die Abweichungen so am schnellsten fest und können Teilziele setzen und die Angestellten informieren und damit motivieren. Wer nicht glaubt, dass man Angestellte mit solchen Zahlen motivieren kann,

Monat	Phase	Gläser / Monat
Januar		3.000
Februar	Anlaufphase	3.000
März		3.000
April		6.000
Mai	Stabilisierungsphase I	6.000
Juni		6.000
Juli		4.500
August	Sommerloch	4.500
September		6.000
Oktober		6.000
November	Stabilisierungsphase II	6.000
Dezember		6.000

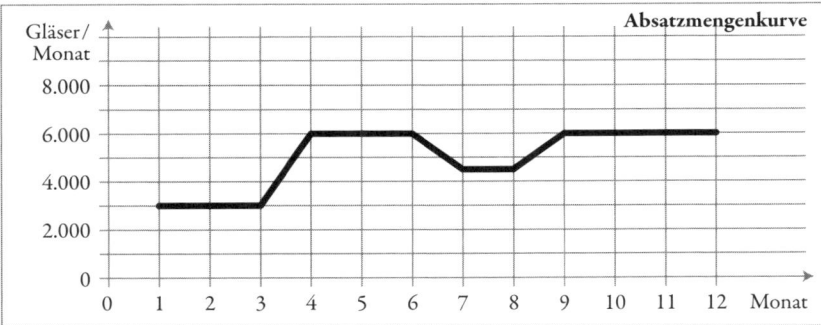

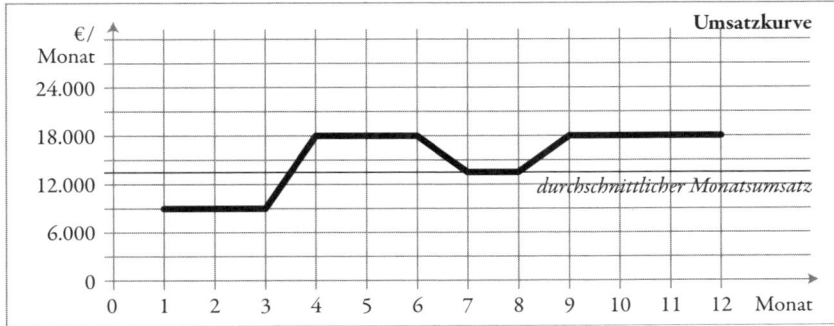

täuscht sich. Selbst gewerkschaftlich engagierte Verkäufer/innen empfinden Stolz, wenn „ihre" Abteilung wieder mal den höchsten Tagesumsatz gebracht hat. Die Identifikation der Angestellten mit „ihrem" Unternehmen ist gar nicht so selten im Klein- und Mittelbetrieb, trotz schlechter Bezahlung und unangenehmen Arbeitszeiten.

2.2. Kapitalbedarf

Reicht der geplante Umsatz unserem Saftladen zum Überleben?

Diese Frage können wir jetzt noch nicht beantworten. Zunächst einmal müssen nämlich der Kapitalbedarf und dann die Kosten ermittelt werden, was wiederum einige Begriffserklärungen voraussetzt.

2.2.1. Anlagevermögen und Abschreibung

Unter Anlagevermögen (Investitionen) versteht man all das, was auf längere Zeit betrieblich genutzt wird, z. B. Grundstücke, Gebäude, Maschinen und Anlagen, Fuhrpark, Geschäftsausstattung (Büroschränke, PC und Drucker).

Beispiel:
Für unseren Saftladen ist eine Saftpresse für 10 000 € (Kapitalbedarf, Anlagevermögen) gekauft worden, die fünf Jahre nutzbar ist. D. h., die Abschreibung beträgt 10 000 € : 5 = 2 000 € p. a.

Muss man alles kaufen, so ist am Anfang viel Geld nötig (hoher Investitionsbedarf ist hoher Liquiditätsbedarf). Zu Kosten wird eine Investition aber – erst und nur – im Rahmen ihrer Abschreibung. Und auch nur in diesem Rahmen kann man sie „von der Steuer absetzen". Ausnahme: Investitionen bis 410 € können sofort abgesetzt werden. Nicht mehr lange allerdings. Ab 2008 sinkt die Grenze auf 150 €.

Die Abschreibung dient dazu, den Gewinn (hier: fünf Jahre lang) zu mindern, so dass am Ende wieder das Geld zum Kauf einer neuen Maschine vorhanden ist.

Anders ausgedrückt: Ohne Abschreibung würden die 2 000 € jährlich als Gewinn erscheinen und vom Unternehmer, je nach Vorlieben, verspeist oder verspielt. Bricht dann die Saftpresse prognosegemäß nach fünf Jahren auseinander, so fehlt das Geld für eine neue.

Problem daran ist jedoch, dass auch bei Abschreibung die 10 000 € in Zeiten der Geldentwertung oft nicht ausreichen, um in fünf Jahren wieder eine Saftpresse kaufen zu können.

Für die Höhe der Steuerzahlung ist die Abschreibung bedeutend. Nur im Rahmen der Abschreibung nämlich kann die Maschine als Kosten den Gewinn und somit die Steuerzahlung mindern.

Daher ist dem Unternehmer so sehr an hohen Abschreibungssätzen gelegen. Wäre der zulässige Abschreibungssatz doppelt so hoch, so könnte sich seine Steuerersparnis verdoppeln. Insgesamt können natürlich stets nur die Anschaffungskosten der Saftpresse abgeschrieben werden, also in der Totalperiode von fünf Jahren 10 000 €. Aber ein gut verdienender Unternehmer will natürlich lieber heute Steuern sparen als morgen.

Für Gründer ist das meist weniger bedeutend. Denn ihr Steuersatz ist häufig 0 % – bedingt durch Verluste am Anfang. Daher wirkt auch die Abschreibung vorerst nicht:

0 % von 2 000 € = 0 € Steuerersparnis.

Beispiel:
Beträgt die Abschreibung für unsere Saftpresse 2 000 € pro Jahr, so sind nur diese 2 000 € pro Jahr Kosten, die die Einkommensteuer mindern. Beträgt unser Steuersatz der Einkommensteuer 30 %, so führt die Abschreibung zu Steuerersparnis 30 % von 2 000 € = 600 € im Jahr.

Empfindlich trifft den Gründer in jedem Fall der hohe Geldbedarf für Investitionen, den er durch Leasing oder Gebrauchtgeräte verringern kann.

2.2.2. Umlaufvermögen

Darunter versteht man all das, was den Betrieb nur durchläuft, d.h. entweder zum Verbrauch oder zum Verkauf bestimmt ist, z.B. Rohstoffe, Hilfsstoffe, Betriebsstoffe, Waren, Forderungen, Kasse, Bankkonto.

Der Finanzbedarf ist auch davon abhängig, wie schnell das Warenlager umschlägt. So braucht eine Jugendstil-Vitrine im Schnitt ein Jahr, Zahnpasta nur sechs Wochen und Hackfleisch – hoffentlich – nur einen Tag, bis es verkauft ist. Was schnell verkauft wird, bringt schnell Geld in die Kasse, womit wieder neue Ware gekauft werden kann (Umschlagsgeschwindigkeit); mithin wird der Kapitalbedarf verringert.

Das Warenlager muss für eine sinnvoll bemessene Erstausstattung kalkuliert werden. Es kann umso kleiner sein, je schneller und zuverlässiger unsere Lieferanten sind. Die Zeit, die vergeht, bis ein Kunde bezahlt hat, ist ebenfalls maßgeblich für den Kapitalbedarf, denn solange ein Kunde nicht zahlt, d.h. wir Forderungen an ihn haben, müssen wir ihn kreditieren. Daher bevorzugen nicht nur Handwerker schnell zahlende Kunden.

Und es gibt natürlich vor allem im Einzelhandel Branchen, die schneller ihr Geld bekommen, als sie ihren Einkauf bezahlen müssen.

Beispiel:
Unser Saftladen hat es da verhältnismäßig einfach. Er braucht lediglich Obst und Gemüse, die er für vier Tage bevorratet (4 x 500 €). Die Kunden zahlen bar. Wir haben also eine hohe Umschlagsgeschwindigkeit des Warenlagers und schnelle Geldeingänge, was zu hierfür recht geringem Kapitalbedarf führt.

2.2.3. Fixe Kosten

Fixe Kosten sind Betriebskosten, die unabhängig davon entstehen, wie hoch der Umsatz ist. So müssen Löhne, Mieten, Abschreibung, Verwaltungskosten, Heizkosten, Zinsen, Werbekosten, Steuerberater und Versicherung Monat für Monat unabhängig davon bezahlt werden, ob 100 oder 1 000 Kunden bei uns einkaufen. Auch die Telefonkosten fassen wir unter Fixkosten, denn telefoniert wird immer, ob Kunden kommen oder nicht!

Die Fixkosten sollten für mindestens drei bis sechs Monate vorfinanziert werden, damit das Unternehmen auch eine entsprechend lange einnahmelose Zeit übersteht.

Beispiel: Betriebskosten Saftladen /
Kapitalbedarf Betriebskosten

Löhne und Gehälter	0 €
Miete / Nebenkosten	2.000 €
Werbung	500 €
Verwaltungskosten	300 €
Betriebsversicherungen	100 €
Kfz-Kosten	300 €
Abschreibung	200 €
Sonstige Kosten	600 €
Summe **Betriebskosten**	4.000 €
x 6 Monate = **Kapitalbedarf**	24.000 €

Die Abschreibung muss natürlich am Anfang noch nicht eingespielt werden. Wird sie jedoch auf Dauer nicht eingespielt, sagt das etwas über die Rentabilität des Ladens.

Fixkosten sind gefährliche Kosten, denn sie schlagen mit gnadenloser Regelmäßigkeit zu Buche. Eine Senkung der Fixkosten erhöht die Überlebenschancen des Gründers.

Wie können wir die Fixkosten senken?

- Teilzeit- und Aushilfskräfte statt Festangestellte
- Gebrauchtwagen statt Neuwagen oder Leasing
- Gebrauchtmaschinen statt Neumaschinen oder Leasing
- Bedarfsweise Anmietung statt Dauermietverträge
- Homeoffice statt Büroanmietung

Ein Jahresbericht der Auskunftei Creditreform erklärt den starken Anstieg der Zusammenbrüche bei 4-10 Jahre alten Firmen mit „anhaltendem Kapitalverzehr", sprich, die Abschreibungen konnten nicht erwirtschaftet und damit der Neubedarf an Investitionen nicht finanziert werden, was die Wettbewerbsfähigkeit sinken ließ.

2.2.4. Kosten der eigenen Lebensführung

Wer von seinen Aktiendividenden oder Mietshäusern nicht leben kann, wird zwangsläufig recht bald Geld aus seinem Unternehmen entnehmen müssen, d.h., der Kapitalbedarf steigt entsprechend. Es sei denn die Kuh gibt von Anfang an genug Milch, d.h. die Gewinnzone wird schnell erreicht. Meist ein frommer Wunsch.

Die Kosten der eigenen Lebensführung sind recht unterschiedlich.

Manche sind zu äußerster Askese fähig, während andere zu aufwändigem Lebensstil neigen. Auf alle Fälle sollten die Berechnungen des eigenen Bedarfs auf der Grundlage der bisher benötigten Summen basieren und zusätzlich die Sozialversicherungen addieren, die jetzt selbst bezahlt werden müssen.

Minimal sechs, besser zwölf Monate sollte der Lebensunterhalt vorfinanziert werden.

Viele Gründer haben das Glück, tatsächlich oder scheinbar aus der Arbeitslosigkeit zu starten. Ihnen zahlt das Arbeitsamt für die Anfangszeit Gründungszuschuss. Eine wichtige Starthilfe.

Und schließlich: Nicht wenige haben Partner, Eltern oder Freunde, die sie zeitweise mit durchfüttern.

Beispiel: Unsere Saftladenbesitzerin hat es auch hier gut. Ihr Freund ist genügsam und sie ist fanatisch. Beides zusammen senkt die Kosten für die private Lebensführung auf 1 000 € pro Monat all inclusive.

Gesamtkapitalbedarf Saftladen

Investitionen für Anlagevermögen	20.000 €
Umlaufvermögen (Grundausstattung)	2.000 €
Fixkosten (6 Monate)	24.000 €
Private Lebensführung (12 Monate)	12.000 €
= Gesamtkapitalbedarf	58.000 €

2.3. Rentabilität

Wir greifen auf die bereits bekannten Zahlen zurück und nehmen der Einfachheit halber an, unsere Schätzungen hätten sich exakt bestätigt. Das Gegenteil ist allerdings meist realistischer. Schätzungen sind in aller Regel zu optimistisch.

Umsatz / Monat (Jahresdurchschnitt)	13.500 €
– Betriebskosten (ohne Abschreibung)	3.800 €
– Abschreibung	200 €
– Rohstoffkosten (Jahresdurchschnitt)	1.350 €
= **Vorläufiger Überschuss**	8.150 €

Unsere Saftladenbesitzer haben eine augenscheinlich prächtige Rentabilität – und das schon im ersten Geschäftsjahr. Jedoch der Schein trügt. Bei näherem Hinsehen erkennen wir auf Anhieb, worin die Pracht liegt: Es gibt fast keine Personalkosten, d. h. die beiden arbeiten kostenlos.

Um ein realistisches Bild vom Saftladen zu bekommen, führen wir in die Rentabilitätsrechnung kalkulatorische Kosten ein. Dies sind Kosten, die zu keinen Ausgaben führen und daher nicht in der Buchführung erscheinen, die aber anzusetzen sind, um herauszubekommen, ob die Sache auch unter normalen Umständen rentabel wäre.

Kalkulatorische Kosten müssen überall da angesetzt werden, wo man etwas umsonst bekommt, was normalerweise nicht umsonst ist.

Ein jeder überlege mal selbst, was bei ihm alles „umsonst" vorhanden ist und anders genutzt werden könnte.* Aber bitte nicht zu kleinlich werden. Natürlich nutzt die Buchhändlerin ebenso gnadenlos wie kostenlos den Kopierer ihres Freundes, der ein Beratungsbüro hat.

Da die kalkulatorischen Kosten nicht beachtet werden, täuschen sich viele Kleinunternehmer über ihre wirkliche Lage.

Beispiel: Der Besitzer eines Elektroladens, der in einer Kleinstadt seit 30 Jahren sein Geschäft im eigenen Haus betrieb, erzählte, als er vor einem

Kleintransportunternehmer sind da besonders großzügig. Da sie das Auto ja sowieso haben, rechnen sie nur Benzin in ihre Kosten ein. Die Wochenenden verbringen sie – ebenfalls unberechnet – unter dem Auto. So akzeptieren sie jede Frachtrate ihres Auftraggebers und haben vorübergehend sogar Geld in der Tasche, von dem sie glauben, es sei Gewinn.

Kalkulatorische Kosten	Ich könnte ja statt dessen	Opportunitätskosten
Kostenlose Arbeit des Freundes	ihn arbeiten schicken	Angestelltengehalt
Eigene Unternehmertätigkeit	selbst arbeiten gehen	Angestelltengehalt
Eigene Ladenräume	Räume fremdvermieten	entgangene Miete
Eigenkapital	Geld anlegen	entgangene Verzinsung
Privatwagen	abschaffen und Rad fahren	Kfz-Kosten

Jahr sein Geschäft aufgab und die Räume an eine Boutique vermietete: „ Die zahlen halb soviel Miete, wie ich früher am Laden verdiente."

Das heißt, der Mann hatte die Hälfte seines Gewinns der „kalkulatorischen Ladenmiete" zu verdanken. Daneben hätte er seinen eigenen Lohn und auch den seiner Tochter als „kalkulatorischen Lohn" einsetzen müssen. Sein Kapital, das in den Vorräten steckte, hätte er als „kalkulatorische Kapitalverzinsung" mit dem banküblichen Anlagezins abziehen müssen, und dann wäre ihm klar geworden, dass der Laden schon lange völlig unrentabel war.

Klar, die Rechnung wird manchem Leser zu ökonomisch erscheinen, denn schließlich gibt es ja so was wie Freude an der Selbständigkeit. Erhöhtes Prestige als Geschäftsmann / -frau veranlasst ebenfalls weiterzumachen, denn Lohnarbeit oder Arbeitslosigkeit erscheinen vielen zu Recht als schreckliche Perspektive. Daher enden solche Geschäfte im Regelfall mit Tod, Krankheit oder Rentenalter des Inhabers.

Bedenklich stimmt, dass realistische Berechnungen vermieden werden, solange man Unter-

Opportunitätskosten:
Kosten des entgangenen Gewinns. Nutzt man ein Ladengeschäft im eigenen Haus selbst, so entgeht einem die sonst mögliche Mieteinnahme.

nehmer ist; kaum jedoch hat man aufgegeben, so wird mit diesen Opportunitätsüberlegungen offensiv die Schließung gerechtfertigt.

Machen wir daher den Saftladen durch eine realistische Rentabilitätsrechnung transparenter, wobei klar sein muss, dass kalkulatorische Kosten vom Finanzamt nicht als Steuer senkend anerkannt werden. Versteuert werden müssen daher 8 150 € Gewinn pro Monat.

Kalkulatorische Rentabilitätsrechnung Saftladen

Umsatz / Monat (Jahresdurchschnitt)	13.500 €
− Betriebskosten (ohne Abschreibung)	3.800 €
− Abschreibung	200 €
− Rohstoffkosten (Jahresdurchschnitt)	1.350 €
= Vorläufiger Überschuss	8.150 €
− kalkulatorischer Lohn Freund Harry	2.500 €
− kalkulatorischer Lohn Inhaberin Doris	4.500 €
− kalkulatorische Eigenkapitalverzinsung	400 €
= kalkulatorischer Gewinn / Monat	750 €

Jetzt sieht es schon ganz anders aus! Die Höhe kalkulatorischer Löhne ist natürlich auf die realen Beschäftigungschancen abzustellen.

Jetzt kann sich jeder entscheiden, das Geschäft trotzdem zu beginnen, zumal das zweite Geschäftsjahr sicher besser wird.

2.4. Liquidität

Die Liquiditätsrechnung soll uns verraten, ob wir genug Geld haben, um weiterarbeiten zu können.

Ansonsten droht uns Zahlungsunfähigkeit (Illi-quidität), was im Konkurs enden kann, zumindest aber viel Ärger macht. Liquidität muss nichts mit Rentabilität zu tun haben, d. h., auch ein rentabler Betrieb kann zahlungsunfähig werden.

Für unseren Saftladen ist das unproblematisch, da er mit seinen Umsätzen gleich auch Einnahmen generiert. Das ist der Vorteil aller Bargeschäfte.

Bedeutung bekommt die Liquiditätsrechnung für alle Unternehmen, die auf Rechnung arbeiten. Sie wissen nie im Voraus, wann der Kunde zahlt. Und mit jedem Monat, der vergeht, steigt die Angst, ob der Kunde überhaupt zahlt.

Daher muss ausreichend Liquiditätsreserve eingeplant werden. Nichts ist peinlicher als ein Unternehmer, der um Barzahlung bitten muss, weil er knapp bei Kasse ist. Das ideale Erpressungsopfer.

Eine besondere Belastung für die Liquidität stellen die fixen Kosten dar. Während die variablen Kosten mit dem Umsatz steigen oder fallen, zehren die fixen Kosten unbarmherzig an unserem Kontostand, was sich im „Sommerloch" besonders unangenehm bemerkbar macht.

Aber auch variable Kosten können zum Problem werden. Muss Material in unüblich großen Mengen eingekauft werden, um einen Auftrag ausführen zu können, wird es oft kritisch. Ohne Lieferantenkredit ist man dann zur Bitte um Vorkasse beim Auftraggeber gezwungen. Das ist etwas völlig anderes, als aus Sicherheitsgründen eine Anzahlung zu verlangen.

Variable Kosten werden auch dann zum Problem, wenn man sich bei der Gründung aus man-

Beispiel:
Eine Literaturagentin wollte bei einer Sparkasse 50 000 € Kredit, zu 80 % abgesichert.
Den beiden jungen Bankangestellten genügte die vorgelegte Liquiditätsrechnung nicht. Sie wollten die drei Jahre auf Monatsbasis geplant sehen und argumentierten mit Basel II. (Basel II ist eine europäische Regelung für das Kreditgeschäft, die die Banken dazu zwingt, Risikoanalysen für die jeweiligen Kredite vorzunehmen. Je höher das Risiko, desto höher muss die Hinterlegung des Kredits mit Eigenkapital durch die Bank erfolgen).
Auf die Frage, wie wir denn wissen sollen, in welchem Monat wir ein Buch vermarkten, dass heute noch gar nicht geschrieben ist und wann der Verlag dann zahlt, meinten die Bankbeamten: „Das ist schon Ihre Sache. Aber wir brauchen das für unser Rating." Die Volksbank sah das anders und wir sparten unsinnige Arbeit.

gelnder Erfahrung, also Unkenntnis über die Kundenwünsche, ein weitgehend unverkäufliches Warenlager zugelegt hat.

Eine Liquiditätsrechnung wird bei größeren Finanzierungen von der Bank im Regelfall für drei Jahre auf Quartalsebene gewünscht. Wir haben ein Muster in der Anlage beigefügt. Eine Liquiditätsrechnung ist stets eine Kettenrechnung.

Mehr als drei Jahre auf Quartalsebene zu rechnen, ist für die meisten Gründungen völlig unrealistisch. Aber das schützt nicht vor unsinnigen Forderungen.

2.5. Todeslinie und Break-even-Point

Um die bisher gewonnenen Zahlen noch einmal auf einen Blick vor uns zu haben, bemühen wir die Mathematik und tragen alles in ein Koordinatensystem ein.

Gesamtkosten
= Fixe Kosten (4 000 €) + variable Kosten (0,30 € x Gläseranzahl des Monats)

Kalkulatorische Gesamtkosten
= Fixe Kosten + variable Kosten + kalkulatorische Kosten (7 400 €)

So – jetzt ist die Verwirrung wohl komplett. Also werden wir diese Grafik ausführlich erklären müssen.

Die **Rohstoffkostenkurve** (variable Kosten) stellt die **unterste Todeslinie** dar. Fällt der Um-

satz unter diese Linie, so sollte man aufhören, denn dann können die Rohstoffe vom Verkaufserlös nicht mehr bezahlt werden, oder, anders ausgedrückt, man verkauft ein Glas Saft, das an Rohstoffen 0,30 € kostet, für weniger als 0,30 €. Das gibt keinen Sinn, denn jeder Kunde, der ein Glas Saft trinkt, vergrößert unsere Verluste! Macht jemand so was??? Jeden Tag!

Anders ist es, wenn unsere Umsätze knapp oberhalb der Todeslinie liegen, d. h. wir das Glas Saft z. B. für 0,40 € verkaufen. Wir machen auch jetzt noch Verluste, denn die Umsätze liegen ja noch unterhalb der Gesamtkosten. Aber jeder Cent, der über 0,30 € liegt, hilft beim Zahlen der Miete und der Zinsen, d. h., jeder Kunde trägt ein Scherflein von 10 Cent dazu bei, dass die Fixkosten gedeckt werden. Man nennt den über den Rohstoffkosten (variable Kosten) liegenden Verkaufserlös deshalb auch Deckungsbeitrag: Beitrag zur Deckung der Fixkosten.

Jedoch auf die Dauer reicht das nicht, denn wie viele Gläser Saft mit jeweils einem Deckungsbeitrag von 10 Cent müssten getrunken werden, bis alle Fixkosten gedeckt sind?

Break-even bei 0,40 €/Glas VK (netto)

$$\frac{\text{Fixkosten}}{\text{Deckungsbeitrag / Glas}} \qquad \frac{4.000\ \text{€}}{0,10\ \text{€}} = 40.000\ \text{Glas / Monat}$$

Da bleiben wir doch lieber bei unseren 3,00 €/Glas und haben 2,70 € Deckungsbeitrag. Der Markt gibt's ja her.

Die **Gesamtkostenkurve** setzt sich aus den fixen und den variablen Kosten zusammen. Auf die Dauer muss der Umsatz mindestens die Gesamtkosten decken. **Dort, wo der Umsatz die Gesamtkosten übersteigt, liegt der Break-even-Point, und hier beginnt der Gewinn.** In unserem Beispiel liegt der Umsatz von Anbeginn an über den Gesamtkosten.

Ohne Gewinn ist das eingesetzte Kapital auf der Bank rentierlicher angelegt, die eigene Arbeitskraft in Lohnarbeit besser bezahlt. Denn merke:

Der Lohn des Unternehmers und die Verzinsung des Eigenkapitals stellen grundsätzlich für den Betrieb keine Kosten dar, sind also aus dem versteuerten Gewinn zu decken. Anders bei der GmbH: Hier ist das Geschäftsführergehalt bereits

Teil der Personalkosten. Daher lässt sich auch der Gewinn der GmbH nicht mit dem Gewinn einer Personengesellschaft vergleichen.

Daher macht nur die Berücksichtigung kalkulatorischer Kosten die Rechnung realistisch. Die **kalkulatorische Gesamtkostenkurve** drückt also aus, wie hoch die Kosten wären, wenn die Unternehmerin 4 500 € und ihr Freund, der Verkäufer, 2 500 € im Monat bekämen. Und das eingesetzte Eigenkapital mit 400 € im Monat verzinst würde.

Wir sehen, dass die Umsatzkurve nur im ersten Quartal unterhalb der kalkulatorischen Gesamtkosten liegt. Der Saftladen ist also ab dem zweiten Quartal auch kalkulatorisch rentabel.

Jetzt kann man den Fall durchspielen, wie immer man will, um den Laden noch rentabler zu machen. So können weitere Produkte verkauft werden, die die fixen Kosten mittragen, billigere Rohstoffe verwendet, der Umsatz durch Sonderverkaufsaktionen (Marktstände) erhöht werden. Das Grundschema bleibt sich gleich. Es ist ein einfaches Schema, das aber nach Belieben ausgebaut werden kann.

Nach unserer Erfahrung ist am Anfang die Liquidität das entscheidende Problem, später wird es die Rentabilität. Trotz guter Rentabilität kann einem Gründer durch Liquiditätsschwierigkeiten das Genick gebrochen werden. Trotz schlechter Rentabilität kann ein liquiditätsstarker Unternehmer ewig weitermachen. Der Kapitalbedarf allerdings ist die absolute Grenze, die den Marktzugang beschränkt und an deren Schlagbaum meistens die Banken stehen. Sie ist in unserem Beispiel optimistisch niedrig angesetzt. Vier von fünf

Gründern überleben die ersten fünf Jahre nicht, zumindest nicht als Unternehmer. Üblicherweise schieben die Gescheiterten gerne die Schuld auf die Banken. Doch in manchen Fällen bewahren Banken durch ihre restriktive Haltung Existenzgründer sogar vor dem Ruin, auch wenn das sicher nie Hauptmotiv ihrer Verweigerung ist.

Nachdem wir die Höhe unseres Kapitalbedarfs ebenso geplant haben wie unseren Gewinn, können wir auf die Suche nach der Kapitalbeschaffung gehen.

3.1. Eigenkapital als Kriterium

Eigenkapital können Gelder aber auch Sachen (z. B. Pkw) sein, die wir in unser Unternehmen einbringen. Eine Faustregel besagt, dass ⅓ des Kapitalbedarfs aus eigenen Mitteln aufgebracht werden sollte. Weniger ist gefährlich, weil leicht Illiquidität droht, wenn das Polster zu dünn ist.

Je mehr Eigenkapital, desto weniger Stress, nicht nur mit der Bank. Aber es wäre töricht, am Anfang alles einzusetzen und sich keine Reserve zurückzubehalten.

Doch auch hier ist alle Theorie grau. Die Banken erzwingen häufig eine Eigenkapitalquote von bis zu 100 %, weil sie Gründerkredite erschweren oder schlichtweg verweigern.

Theoretisch könnten Kredite bis 50 000 € mit Hilfe der Staatsbank (KfW, s. S. 127 f) auch ohne Eigenkapital finanziert werden (wird folgend genauer erklärt). Jedoch das scheitert meist an der Hausbank.

Und wir wollen uns mal – ausnahmsweise – auf die Bankenseite schlagen. „Warum hat der Gründer kein Geld?" ist die Kernfrage, die dem Banker durch den Kopf geht. Wir als Berater lassen sie über die Zunge raus: „Warum haben Sie kein Geld?"

Je älter der Gründer, desto besser muss die Antwort sein, um die damit verbundenen Zweifel an Fähigkeiten und Persönlichkeit zu zerstreuen. Aber je älter der Gründer, desto schwerer fällt auch die Antwort.

Das wird sehr intim, aber offene Fragen bieten immer noch die beste Chance auf Revision von Vorurteilen.

Besonders seltsam finden wir allerdings 50jährige, die sich „schon lange" selbständig machen wollten, statt Ersparnisse jedoch nur Konsumentenkredite vorzuweisen haben. Mangelnde Ernsthaftigkeit ist das Todesurteil für jegliche Unterstützung.

Eine Möglichkeit der Eigenkapitalbeschaffung ist die Aufnahme neuer Teilhaber. Dies sollte man allein aus Gründen der Kapitalbeschaffung besser nicht tun. Einzig die Konstruktion der „Stillen Gesellschaft" (siehe Rechtsformen) bietet gewisse Ansätze, da hierdurch nur eine eingeschränkte Mitsprache der nicht tätigen Teilhaber möglich wird. Die üblichen Financiers von Gründern sind die drei F's: Family, Friends and Fools.

3.2. Bank

3.2.1. Aus dem Innenleben einer Bank
3.2.1.1. Wie die Bank uns sieht

Eine Bank muss man sich wie ein hundsgewöhnliches Kaufhaus vorstellen, wenngleich, wie wir seit Marx wissen, sie eine ungleich höhere Profitrate hat. Das kommt daher, dass sie mit Hilfe fremden Geldes und einer Banklizenz ihr Eigenkapital nicht nur einmal, sondern bis zu siebzehn Mal verleihen kann (Kreditschöpfungsmultiplikator). Ja, richtig gelesen, jeder Euro, der der Bank gehört, wird nicht einmal, sondern vielfach von ihr verliehen. Sie kann also die Zinsdifferenz zwischen Soll-Zins (Zins, den die Bank für ihren Kredit verlangt) und Haben-Zins (Zins, den der Sparer bekommt) vielfach nutzen.

Dennoch verdienen viele Banken kaum noch am Kreditgeschäft. Sie sind einfach zu umständlich und lahm und damit zu teuer in der Abwicklung. Einen Teil der Kosten bürden jedoch Kreditwesengesetz und Bankenaufsicht (Bafin) den armen Banken auf. Daher bekommt das Provisionsgeschäft umso stärkere Bedeutung. Für den Gründer heißt das: Kräftig Versicherungen bei der Bank abschließen, die ihm den Gründerkredit gewährt.

Äußerer Ausdruck der Macht der Banken ist ihre Top Lage im Zentrum der Städte und die kalte Pracht der Marmorpaläste, die beim Neuling Unbehagen aufkommen lässt, gerade wenn er die heiligen Hallen mit einem Kreditgesuch betritt. Andererseits wundert es den gerade um eine 100 000 € Erbschaft reicher gewordenen Jungspund, dass nicht alles gleich vor ihm auf die Knie fällt, ob seiner großzügig gezeigten Bereitschaft, das Geld gerade diesem Palast anzuvertrauen.

Vertrauen genießt der Marmorpalast Bank immer noch, während es dem Marmorpalast Versicherung zunehmend verlustig geht.

Und schließlich können wir ja das soziale Prestige, das Banken immer noch genießen, daran ablesen, dass uns als positive Vorbilder immer noch Personen vorgestellt werden, die „bei der Bank" sind, egal was immer sie dort anstellen.

Um einen kleinen Eindruck davon zu geben, welche Gedanken sich eine Bank darüber macht, wie sie uns zu behandeln hat, geben wir ein paar Details aus dem internen Papier „Merkblatt zur Eingruppierung von Privatkunden" einer Großbank wider.

Daraus wird auch deutlich, mit welchen Geldbeträgen dem Kunden bei der Bank welche Beachtung widerfährt:

Einkommen, Vermögen, gesellschaftliche Stellung, Anlageverhalten, Kreditbedarf und Kreditfähigkeit lassen sich bei Privatkunden am ehesten aus der Zugehörigkeit zu ihrer Berufsgruppe ableiten, den Angehörigen einzelner Berufsgruppen ist ein annähernd gleiches Potential gemeinsam. Daher ist die berufliche Stellung das Hauptkriterium zur Einordnung unserer Privatkundschaft in die entsprechenden Kundengruppen; dieses Merkmal wird bereits bei der Kontoeröffnung bekannt.

Tja, die haben wohl noch nicht mit der *web 2.0* und *ebay* gerechnet. Da könnte doch so eine abgerissene Type einfach als Unternehmer firmieren und in eine höhere Einordnung rutschen.

Weit gefehlt – es geht weiter im Text:

Zu der Kundengruppe PK7 (besonders betreuungsintensive Privatkunden) gehören: Inhaber von im Handelsregister eingetragenen Firmen, Führungskräfte der I., II. und III. Ebene, d. h. Firmen mit Umsätzen von 1 Million € bis über 50 Millionen €, und „Meinungsführer" (Journalisten, Politiker, Repräsentanten von Kirchen, bedeutenden Vereinen und Organisationen).

Na also. Unternehmer sein reicht nicht – es muss schon etwas mehr hinter dem Unternehmen

stecken, und auch als Meinungsführer einer Halb-
starkenclique erreicht man nicht die höheren Wei-
hen eines PK7. Abgestuft davon gibt es jedoch
noch die Gruppe PK6 (betreuungsintensive Privatkunden), die vornehmlich leitende Angestellte
und Beamte sowie Kleinunternehmer umfasst.

Da sind dann auch wir drin, sofern nicht eine
weitere Entscheidungshilfe, nämlich *das bestehende
bzw. zu erwartende Geschäftsvolumen (Potential)*
uns weiter runter in die bankmäßige Bedeutungs-
losigkeit wirft.

Potential wird definiert als *Summe aller Geschäfte (Einlagen + Kredit + Wertpapiere),* wobei
Eigenheimfinanzierungen unberücksichtigt bleiben.

Beispiel: Wer ein Aktiendepot von 50 000 €
unterhält, ein Darlehen von 30 000 € laufen hat
und noch über 10 000 € Termingeld verfügt, stellt
ein Potential von 90 000 € dar.

Besonders betreuungsintensive Privatkunden
sind wir bei über 100 000 € Potential, betreuungs-
intensiv von 50 000 bis 100 000 €. Und ab 500 000
€ lernen wir plötzlich Banker kennen, von deren
Existenz wir vorher nie wussten: die Vermögens-
verwalter.

Soweit zur Klarstellung – denn die Bankwer-
bung könnte in unseren Köpfen sonst leicht falsche Vorstellungen über unsere Bedeutung für die
Bank aufkommen lassen, kurz, wir könnten uns
überschätzen.

Es ließe sich noch viel zitieren aus diesem sehr
informativen Bankpapier, wie z. B. die Einstufung
der Kunden als *konservativ* oder *flexibel, die He-
rauf- oder Herabselektierung* z. B. bei erwarteter

Erbschaft, *die Intensität der Verbindung zu unserem Hause.* Eines darf aber nicht verheimlicht werden:

Veränderungen innerhalb der Geschäftsverbindung oder aber in der Privatsphäre unserer Kunden erfahren nicht nur die Berater, auch die Schaltermitarbeiter und die Kassierer erhalten oftmals Hinweise vom Kunden selbst, die unsere Belange tangieren. Eine gute Kooperation zwischen den einzelnen „Funktionen" einer Geschäftsstelle und auch mit anderen Fachbereichen ist somit selbstverständliche Grundvoraussetzung für die Aktualität der Branchennummern.

Für uns kann das nur heißen, den Spieß umzudrehen. So kann die Wirkung eines beim Kassierer geseufzten „Ach, wäre die Erbtante doch nur schon im Himmel" nur positiv sein wenn, ja wenn die Bankfiliale auch ordentlich geführt wird und sich an die Anweisungen von oben hält. Füttert der Kassierer den frommen Wunsch jedoch nicht in die Datenbank seines Hauses, sondern flüstert ihn der Tante ins Ohr, so war sie wohl ein besonders betreuungsintensiver Privatkunde, was wir dann selbst nicht mehr werden können.*

All diese Vorteile des Kundenkontakts setzen die Banken jedoch seit Jahren aufs Spiel: Filialabbau, Automatencenter und Internet-Banking statt Schalterservice, Callcenter statt Direktdurchwahl.

Und dann wundern sie sich, wenn bei solch kundenfremdem Service der Internet affine Kunde zur Direktbank abwandert, wo er sein Girokonto kostenlos bekommt.

* Mehrere Banker meldeten sich zu dieser Aussage. Ihr Urteil: naiv. Begründung: Für Banker ist es eminent wichtig, zu möglichst vielen potenten Kunden ein persönliches Verhältnis aufzubauen. Dies stärkt die eigene Position in der Bank. Gibt man jedoch allzu viel seines Wissens an die Bank preis, so sinkt der eigene Wert ähnlich dem eines Spions, der über alle Verbindungen ausgepackt hat. Eine Anzahl persönlicher Kunden mit dickem Potential ist eine Rückversicherung auch für jeden Wechsel. Die neue Bank kauft mit dem Banker auch dessen Kunden, denn warum sollten die noch bei der alten Bank bleiben, wenn ihr bester persönlicher Kontakt geht. Eine scharfe Waffe in einer Zeit, da die Gewinnung von potenten Neukunden, ob Firmen oder Private, äußerst schwierig geworden ist.

3.2.1.2. Wie wir die Bank sehen

Doch drehen wir den Spieß einmal um und stufen wir die Banker einmal ein. Dem Rahmen entsprechend konzentrieren wir uns nur auf die Geldverkäufer*, sprich Kreditbanker. Dabei lassen sich zwei Typen von Kreditbankern unterscheiden: der sicherheitsorientierte und der rentabilitätsorientierte Typ. Man erkennt sie an den Fragen, die sie stellen. Der rentabilitätsorientierte Typ hilft dem Kreditsucher am ehesten weiter. Er ist auch meist vom Wesen her der flexiblere und dynamischere Mensch, der vor-, mit- und nachdenkt. Der Sicherheitsorientierte dagegen hat nur eine Maxime: Nur kein Risiko eingehen! So lebt er, so arbeitet er.

Dabei entwickeln Sicherheitsorientierte erstaunliche Aktivitäten, um sich vor Entscheidungen drücken zu können, z. B. den Trick, einen Kreditantrag „über die Kompetenz" zu heben.

Beispiel: Kreditsachbearbeiter Ängstlich darf ohne Rückfragen Kredite bis 20 000 € vergeben (Kompetenzgrenze). Ihn suchen drei junge Leute heim, denen er nicht im Dunkeln begegnen, die er aber dafür gerne zum Friseur schicken möchte. Sie verwirren ihn mit ihrer Geschäftsidee, einer neu entwickelten Software, von der Ängstlich nun überhaupt nichts versteht, und bieten zu allem Überfluss auch noch Hardware als Sicherheit an. Am meisten aber erschreckt Ängstlich, dass sie mit einem Kreditwunsch von 15 000 € auch noch ausgerechnet in seiner Zuständigkeit liegen. Er gibt sich daher aufgeschlossen und jovial, soweit ihm dies möglich ist, und macht die jungen Leute auf einige kalkulatorische Versäumnisse aufmerksam.

*Für die Geldanlage sei nur ein Tipp gegeben: Wer es sich leisten kann, möge sein Privatvermögen bei einer anderen Bank in einer anderen Stadt anlegen, um sich dadurch etwas der Kontrolle und dem Zugriff der Banken zu entziehen. Wer allerdings eh' nichts hat und die letzten Euro zum Leben braucht, für den stellt sich das Problem vorläufig nicht. Noch mal zur Klarstellung: Bei den meisten kleinen und mittleren Banken gilt die magische „100 000 €-Grenze", d. h., ab sechs Stellen im Haben ist mensch Mensch bei der Bank.

So bringt er über Aufschläge für Disagio, Kreditversicherung, Risiko und was ihm sonst noch alles einfällt die Kreditsumme auf 22 000 €. Die jungen Leute sind zufrieden, denn sie hatten schon mit ihrem 15 000-€-Begehren Bedenken. Sie überlassen Sachbearbeiter Ängstlich noch einige Unterlagen und verlassen voller Hoffnung die unwirtliche Stätte.

Ängstlich fasst die Sache schnell zusammen und legt sie in einem unbeobachteten Augenblick in den Aktenstapel seines Vorgesetzten, Kreditleiter Schnüffler. Dieser findet den Antrag am nächsten Tag und weiß sofort, was Sache ist: Ängstlich hat ihm mal wieder eine Entscheidung untergeschoben, und das, obwohl Schnüffler wirklich genug zu tun hat. Einiges bleibt wie üblich unklar – wie üblich fragt er bei Ängstlich nach, wie er denn die Sache so sehe, und der antwortet, auch wie üblich: „Ich weiß nicht so recht, aber wenn Sie die Leute noch mal selbst vorladen wollen." Dazu hat der Schnüffler aber weder Zeit noch Lust, denn wegen 22 000 € so einen Aufwand?! Also lässt er Ängstlich die Standardablehnung rausschicken.

Die Chancen der Kreditsucher sinken oft erheblich, wenn sie nicht direkt mit dem / der kompetenten Mann / Frau reden können.

Wer bei welchem Betrag seine Kompetenzgrenze hat, ist von Bank zu Bank und auch abhängig von der Größe der Filiale unterschiedlich. Folgende Faustregel für eine mittlere Filiale soll dennoch genannt werden. **Kompetenzgrenzen** am Beispiel einer Sparkasse:

Kreditsachbearbeiter: … … … … … … … 10.000 €
Leiter der Filiale: … … … … … … … … 20.000 €

Gruppenleiter Kredit: ... ... 50.000 €

Bereichsleiter Kredit: ... ... 150.000 €

Leiter Risikoanalyse: ... ... 500.000 €

Vorstand: ... ... über 500.000 €

Der an Sicherheit orientierte Kreditbanker kommt jedoch häufig nicht weiter. Wurde er in früheren Zeiten wenigstens noch zum Frühstücksdirektor befördert und hatte bis zur Pensionierung sein Gnadenbrot, so ist er heute bei Erfolglosigkeit zunehmend sogar in seinem Job gefährdet. Es fehlt ihm einfach an Dynamik und am Drang nach Profit, d.h., er hat immer noch nicht begriffen, dass Banken heute einiges tun müssen, um Geschäfte zu machen. Der Rentabilitätsorientierte geht leichter den üblichen Weg eines Kreditbankers: Ihm winkt der Aufstieg in Stabstellen oder gar auf die Vorstandsebene.

3.3. Gründerkredite

3.3.1. Richtige Bank und richtiger Banker

Banker meiden Gründerkredite: Zu riskant, zu margenschwach, zu aufwändig.

Zudem ist eine Gründung so ziemlich das Gegenteil dessen, was sich der Durchschnittsbanker für sein eigenes Leben vorstellen kann. Banker sind also selten Gründungs affin.

Es gilt daher, zunächst die richtige Bank und – wesentlich schwieriger noch – den richtigen Banker für den Erstkontakt zu finden.

Die richtige Bank findet man durch einen Blick auf die Zahlen: 95 % aller staatlichen Gründerkredite (Regelfall KfW-Kredite*) werden über

*KfW = Kreditanstalt für Wiederaufbau; siehe S. 127f.

Volksbanken und Sparkassen abgewickelt. Wer Zeit und Nerven sparen will, kann alle übrigen Banken getrost vernachlässigen. Das gilt auch, wenn er dort Kunde ist.

Da auch Volksbanken und Sparkassen dieses Geschäft ohne echte Begeisterung betreiben, achten sie umso strikter auf das Regionalprinzip. Kredite werden daher meistens nur im eigenen Marktgebiet vergeben. So finanziert die Mainzer Volksbank keinen Gründer in Wiesbaden und umgekehrt.

Das Prinzip löst sich bei lukrativen Geschäften allerdings sehr schnell in Luft auf. Gründer sind jedoch selten ein lukratives Geschäft.

Gründer, die noch nicht Kunden des Instituts sind, haben es deutlich schwerer, als Bestandskunden. Wir erleben oft, dass sie aus Kostengründen bei einer Direktbank ihre Konten haben, die ihnen jetzt rein gar nichts mehr nützt. Gegenüber Bestandskunden empfinden die Banken noch gelegentlich so etwas wie eine kleine Verpflichtung (gilt kaum für Großbanken). Vor allem aber glauben sie, über diese Kunden schon einiges zu wissen.

Die Aufgabe eines Beraters ist es daher häufig, über seine Kontakte und sein Vertrauensverhältnis zu einzelnen Bankern, Gründer als Neukunden einzuführen. Die gleiche Rolle können auch Gründernetzwerke, Förderer, Wirtschafssenioren, Business-Angels spielen.

Ein Gütekriterium für die Qualität jeder Gründerinitiative ist daher, wie gut deren eigene Kontakte sind. Wir erleben allzu häufig, dass örtliche Stempelstellen (Organisationen, die die

fachkundige Stellungnahme für den Gründungszuschuss des Arbeitsamts abgeben) kaum Bank-
kontakte haben, obwohl sie doch jährlich 1000
Gründer betreuen.

Banker mögen solche Vermittler, vor allem
wenn sie den Eindruck haben, dass sie nur gut ge-
prüfte und gebriefte Gründer vorstellen. Das erleichtert ihnen ihre Arbeit.

In jeder Volksbank oder Sparkasse gibt es bestenfalls eine Handvoll Kreditbanker mit einem offenen Ohr für Gründer. Und die muss man erstmal finden. Gerät man dabei an den Falschen, und
der lehnt ab, so ist eine Wiedervorlage bei einem
anderen Banker der gleichen Bank auf absehbare
Zeit sinnlos. Auf Deutsch: Der Gründer hat bei jedem Institut nur eine Chance.

Im Rhein-Main-Gebiet gibt es nach unserer
Schätzung höchstens 60 aktive Gründungsbanker.
Nur wenige davon outen sich. Zu groß die Angst,
überlaufen zu werden. Und die, die sich präsentieren, beispielsweise indem sie auf Gründermessen
hinter Informationsständen stehen oder gar mus-
tergültige Vorträge halten, sind häufig weder zuständig noch operativ tätig. Sie wurden einfach
nur geschickt.

Nur wenige Volksbanken oder Sparkassen haben das Gründergeschäft gebündelt. In den meisten Fällen sind viele zuständig. Aber da, wo viele
für die Sauberkeit der Toilette zuständig sind, ist
sie meistens nicht sauber.

In einigen Banken gibt es wenigstens einen
Spezialisten, der alle Informationen sammelt und
bei Anträgen an die KfW seinen Kollegen helfend
zur Seite steht (Stabstelle). Jedoch nur in ganz we-

nigen Banken gibt es eine Spezialabteilung, die das Gründergeschäft komplett betreut, d.h. auch gleichzeitig die Kreditentscheidung hat. Nur dort sind Spezialwissen und Kompetenz sicher. Denn Handlungssicherheit entwickelt sich im Regelfall aus der Fallzahl. Wie beim Zähneziehen.

3.3.2. Sicherheiten

Ob sie es zugeben oder nicht: Sicherheiten sind für alle Kreditbanker ein extrem wichtiges Kriterium. Denn sie meiden gerne das Risiko, wo es geht. Verständlich.

Sicherheiten sind dazu da, einen Kredit abzudecken, der notleidend geworden ist, sprich nicht mehr zurückgezahlt werden kann.

Verfügt ein Gründer über ausreichende Sicherheiten (beispielsweise Grundschulden auf das Haus der Eltern), dann kann er einen der üblichen Bankkredite erhoffen. Er ist nicht auf die KfW angewiesen. Im Gegenteil. Die Bank wird ihm eigenes Geld verleihen wollen, denn damit verdient sie mehr und hat weniger Aufwand. Was heißt für die Bank ausreichend?

Werthaltige Sicherheiten > Kreditbedarf

Das bedeutet im Klartext: Sicherheiten möglichst mehr als 100 % des Kredits. Doch auch bei 100 % oder sogar mal 90 % geht der Banker meist noch mit. Darunter wird es – je nach Größenordnung - häufig bereits unwahrscheinlich. Und einen Blick auf den **Eigenkapitalanteil** wirft jeder Banker gerne: **Eigenkapital + Bankkredit = Kapitalbedarf der Gründung.**

Dabei missfällt ihm stets ein Eigenkapitalanteil unter 15 %. Wünschenswert erscheinen ihm
30 %.

> **30 % Eigenkapital + 70 % Bankkredit**
> **= 100 % Kapitalbedarf**

Doch nur in Ausnahmefällen können Gründer
beides bieten. Den meisten fehlt es an Sicherheiten. Sie haben daher bei der Bank realistisch gesehen nur zwei Chancen: Hilfe von der KfW oder
von der Bürgschaftsbank.

3.3.3. Kreditanstalt für Wiederaufbau (KfW)

Die KfW ist in ihrem Segment Mittelstandsbank
sozusagen die Staatsbank für Gründer. Sie hat ein
starkes politisches Interesse an der Förderung von
Existenzgründungen, weniger ein merkantiles Interesse. Leider vergibt sie jedoch keine Kredite,
sondern überlässt das operative Geschäft stets den
Geschäftsbanken. Sie stellt ihnen jedoch Mittel
zur Refinanzierung zur Verfügung. Dadurch werden die Konditionen (Zins und Tilgung) beeinflusst. Aber das ist weniger entscheidend für die
Geschäftsbanken, denen alleine die Kreditentscheidung obliegt.

Entscheidend ist die „Haftungsfreistellung"
durch die KfW. Sprich: Sie stellt die Hausbank
von der Haftung frei, wenn der Gründer den Kredit nicht zurückzahlen kann. Das motiviert die
Hausbank. Doch leider hat die KfW genau diese
Haftungsfreistellung vor einigen Jahren extrem
eingeschränkt. Sie dachte mit einem risikogerech-
ten Zinssystem könnte sie die Banken locken.

Motto: Übernehmt ihr mehr Risiko, dann bekommt ihr auch mehr Zinsmarge.

Eine glatte Fehleinschätzung. Die Banken lassen sich – im Kleingeschäft mit Gründern zumindest – durch höheren Zins nicht ins Risiko locken.

Ingrid Matthäus-Maier, die neue KfW-Chefin, hat das erkannt und rudert zurück. Seit Juli 2007 gibt es wieder einen ersten Kredit für Unternehmer, die länger als zwei Jahre im Geschäft sind, bei dem 50 % der Haftung übernommen werden.

Doch wir wollen nicht den schlechten Beispielen anderer folgen und jetzt seitenlang die Kreditprogramme und Konditionen der KfW abschreiben, die für Gründer wesentlich sind. Stets sind sie nämlich schneller geändert, als ein Buch überhaupt gedruckt werden kann. Das betrifft auch die Broschüren der KfW. Allein die Zinssätze werden im Schnitt alle 20 Tage geändert. Ein Blick auf www.kfw.de ist daher weit sinnvoller.

Wichtig ist, dass für Kredite bis 50 000 € pro Gründer die KfW nach wie vor 80 % Haftungsfreistellung für die Hausbank übernimmt (KfW-Startgeld).

Ab 2008 ist sogar geplant, eine 100%ige Freistellung zu geben (KfW-ProStart). Man darf gespannt sein, welche unweigerlich notwendigen anderen Hürden dafür aufgebaut werden, damit die Geschäftsbanken nicht allzu hemmungslos werden. Hat die Bank nur 20 % Risiko im Fall des Scheiterns, so wird für sie die Finanzierung deutlich schmackhafter.

Wer jedoch mehr benötigt als 50 000 € und nicht ausreichend Sicherheiten hat, der braucht eine Alternative.

3.3.4. Bürgschaftsbank

In jedem Bundesland gibt es eine Bürgschaftsbank. Ihr einziger Geschäftszweck ist, Bürgschaf-
ten für Unternehmensfinanzierungen zu stellen:
Überall dort, wo der Unternehmer selbst nicht
über genügend Sicherheiten verfügt, das Vorhaben
jedoch erfolgsträchtig erscheint.

Die Bedingungen und die Bürgschaftshöhe
sind in jedem Bundesland ebenso unterschiedlich,
wie die Bedeutung der jeweiligen Bürgschaftsbank
im Gründergeschäft.

Die Bürgschaftsbank Hessen in Wiesbaden gehört sicher zu den gut aufgestellten Bürgschafts-
banken. Sie sichert Bankkredite mit 60-80 % ab
(Höchstsumme 1 Mio. €).

Und, besonders erfreulich für Gründer, sie hat
ein Angebot, das derzeit noch wenige Bürgschafts-
banken haben. In Hessen heißt es Bürgschaft ohne
Bank (BoB) [www.bb-h.de].

Dabei kann der Gründer zunächst direkt mit
der Bürgschaftsbank über die Übernahme einer
Bürgschaft verhandeln, statt erst eine Bank bitten
zu müssen, den Bürgschaftsantrag zu stellen. Hat
der Gründer Erfolg, so gibt ihm die Bürgschaftsbank den Bürgschaftsschein. Damit kann er in die
Verhandlungen zu verschiedenen Banken gehen.
Mit einer sehr hohen Erfolgswahrscheinlichkeit.
Denn: Hohe Sicherheiten sind da und vor allem:
Die Arbeit ist gemacht und das Vorhaben von
kompetenter Stelle testiert. Der Kreditbanker hat
es jetzt recht einfach. Der Gründer dagegen hat eine starke Position. Dadurch werden es echte Verhandlungen – ein seltener Ausnahmefall!

Der Schein in der Hand ist fast ein Erfolgsgarant. Doch, um falsche Hoffnungen zu zerstören: Einfach ist es nicht, die Bürgschaftsbank zu überzeugen. Dort sitzen nämlich Spezialisten, die im Regelfall Jahre Erfahrung im Kreditbereich der Geschäftsbanken sammeln konnten. Bei der Bürgschaftsbank können sie sich voll auf Gewerbekunden konzentrieren. Zudem sind sie echte Netzwerker, die sich Hintergrundinformationen besorgen. Profis also. Um die zu überzeugen, muss so ziemlich alles stimmen.

3.3.5. Alternativen zur Bank
3.3.5.1. FFF
Wer bei der Bank gescheitert ist oder erst gar nicht die Nerven hatte, es zu versuchen, der greift im Regelfall auf FFF zurück (Family, Friends and Fools), also Privatkredite.

Familien-, Verwandten- und Freundeskreis verfügen oft über Geld, mit dem sie nichts Sinnvolles anzufangen wissen. Aufgrund der persönlichen Beziehungen kann es uns gelingen, an dieses Geld heranzukommen. Entsteht irgendwann Misstrauen oder geht die persönliche Beziehung kaputt, so wird das Geld oft sofort zurückgefordert. Schriftliche Verträge gibt es keine, und schon droht einer mit Gerichtsverfahren und Pfändung.

Im schriftlichen Vertrag sollten geregelt sein:
- *Höhe,*
- *Laufzeit,*
- *Kündigungsfrist,*
- *Zinssatz (zumindest das, was die Bank für Einlagen zahlt, d. h., Habenzinssatz),*
- *Sicherheiten.*

Daher sei empfohlen: **Kein privates Darlehen ohne schriftlichen Vertrag!**

Wer Ärger vermeiden will, soll seinen Darlehensgebern auch klar sagen, wie sicher die Sicherheiten sind, d. h., wie viel sie bei Inanspruchnahme wirklich bringen. Die Einstellung, dass das alles „unter Freunden" doch nicht nötig sei, zeugt zwar von viel Moral, aber wenig Realitätsbezug.

Im Regelfall ist ein Privatkredit an einen Gründer eine risikoreiche Sache.

Noch **gefährlicher ist die Bürgschaft,** denn sie kostet zunächst nur eine Unterschrift, hängt dann aber wie ein Damoklesschwert über dem Bürgen. Oft sind Bürgschaft und Beziehung längst vergessen, wenn der Brief der Bank mit der Regulierungsforderung kommt. Eine Serie höchstrichterlicher Urteile verhindert jedoch mittlerweile, dass Bürgen – wie früher üblich – ohne jede Belehrung ins grenzenlose Risiko geraten („und da rechts unten soll Ihre Frau unterschreiben").

Aber verlassen sollte man sich darauf nicht. Allein schon der zu erwartende Ärger kostet Nerven.

3.3.5.2. Lieferantenkredite

Lieferantenkredite sind in vielen Branchen üblich. Legendär sind sie im Gaststättenwesen. Dort haben sich die Banken weitgehend aus der Finanzierung verabschiedet. Brauereien und Getränkegroßhändler sind an ihre Stelle getreten.

Meistens kommen solche Kredite den Gründer teuer zu stehen. Nicht nur Einkaufspreise lassen sich nicht mehr verhandeln, es besteht jetzt häufig, ob faktisch oder formal, eine Bezugsbindung (Gaststättenbindung: langfristige Alleinbelieferung mit Bier und diversen anderen Getränken). In abgespeckter Form gibt es das in nahezu jeder Branche. Auf diese Kredite sollte jeder, der es sich leisten kann, verzichten. Im Allgemeinen sind nämlich nur die Kredithaie teurer.

4.
GEMEINSAME
GRÜNDUNG:
„KOMPANIE IS'
LOMPANIE ..."

... sagte mein Vater immer. Hätte er sich nur selbst dran gehalten. Vermutlich hat der Spruch seine Wurzeln im Französischen. Er bedeutet: Gründe nicht mit Partnern.

4.1. Drum prüfe, wer sich ewig bindet

4.1.1. Voreheliche Beziehung

Gründer verhalten sich wie Brautleute im 18. Jahrhundert und erleben anschließend ähnliche Überraschungen.

Doch warum denn gleich heiraten? Während heute Sex vor der Ehe dank moralischer und medizinischer Weiterentwicklung durchgängig kein Problem mehr darstellt, tun sich Gründer schwer damit, vorgründerische Erfahrungen zu sammeln. Hat man sich für eine Partnerschaft entschieden, dann werden flugs Verträge geschlossen, und schon eilen die Beteiligten zum Gewerbeamt und zum Notar.

Doch wo lässt sich vorgründerische Erfahrung erwerben? Im Gegensatz zur landläufigen Meinung hilft es nur sehr bedingt, wenn man den Partner schon als langjährigen Arbeitskollegen kennt. Denn: Selten sind die Arbeitsbedingungen selbstverantwortlich gestaltbar, fast nie gibt es ein materielles Risiko gemeinsam zu bewältigen, und über alle Misere hinweg tröstet der gemeinsame Feind: Der Vorgesetzte! Angestellte haben daher nur eine sehr begrenzte Erlebniswelt. Gründung dagegen ist Abenteuer ohne Grenzen.

Spielt man gemeinsam mit seinem auserwählten Partner, wird man schnell dessen unterschied-

Spielfelder für vorgründerische Erfahrungen:
- *Flohmarktstand*
- *Schwarzarbeit*
- *Aktionen durchführen (politisch, kulturell, karitativ)*
- *Straßenfeste organisieren*
- *Imbissstand betreiben*
- *Nebenberufliche Vertriebstätigkeit auf Provisionsbasis*

liche Arbeitsweise lieben oder hassen lernen. Ein guter Test der Teamfähigkeit. Wichtigste neue Erfahrung: Cheffreies Arbeiten!

Leider jedoch fehlt mindestens eines auf dem Spielfeld: echtes Verlustrisiko. Auch Hunger herrscht nicht.

Doch wer schon die Nerven verliert angesichts 50 liegen gebliebener Frikadellen, der zeigt, dass er ungeeignet ist für größere ökonomische Aktivitäten.

4.1.2. Kooperation – Der sanfte Weg ins Glück

Kooperation ist das Zauberwort für Gründungen heute. Wir verstehen darunter: Verbindliche Zusammenarbeit von Unternehmen oder Freiberuflern auf vertraglich einfacher Basis.

Beispiel: Ein erfolgreich gestartetes Mainzer Unternehmen im Digitalbereich will expandieren. Mitarbeiter einzustellen erscheint zu gefährlich, und neuen Partnern stehen die beiden Gründer zunächst skeptisch gegenüber. Ihre Lösung: Schaffung eines Netzwerkes kooperierender Selbständiger, denen (eventuell in angegliederten Räumen) eine Grundauslastung mit Aufträgen gesichert wird. Alles andere ergibt sich. Und so siedelt plötzlich eine klassische Fotografin neben einem digitalen Fotografen, ein Designer neben einer Werbeagentur, ein Internet-Provider neben einer Programmiererin. Und schon errichtet ein Kurierdienst nebenan eine Dependance.

Die Atmosphäre ist locker, außer Mietverträgen gibt es kein Vertragswerk. Bindungen erzeugen die gemeinsamen Aufträge, bei denen jedoch immer der die Verantwortlichkeit und den alleinigen Kundenkontakt behält, der den Auftrag akquiriert hat. Der Kunde bekommt meist problemlos alles aus einer Hand, ohne dass sich ein Gemischtwarenladen entwickelt, der alles anbietet und nichts beherrscht.

Am Anfang herrscht das Prinzip des *easy come and easy go.* Bei denen, die länger bleiben, entwickeln sich automatisch Gemeinsamkeiten.

Je besser die Kooperation läuft, desto größer der Wettbewerbsvorteil gegenüber der Konkurrenz. Denn schnelle, ganzheitliche und zuverlässige Auftragsabwicklung ist in Deutschland die Ausnahme.

Ein Einzelfall? Wohl kaum. Auch die Künstleragentur Trend Connection in Frankfurt geht diesen Weg: Agentin, Tonstudio, Choreograph, Puppengestalterin, Werbetexter und Künstler unter einem Dach. Da kommt keine Einsamkeit auf. Auf den Fluren herrscht eine Lebendigkeit, die manchmal eher Sehnsucht nach einer Einzelzelle auslöst.

Schließlich dienen wir selbst als Beispiel: Die Arbeitsgemeinschaft Unternehmensgründung ist bereits 1983 so gestartet. Bindungsängste verhinderten jedoch, dass daraus je eine Ehe wurde.

Kooperation ist wie Ehe ohne Trauschein und damit weit kostengünstiger und risikoloser als jede Gesellschaftsform. Kooperation kann jedoch die Vorstufe zur Gesellschaft sein, die dann sinnvoll ist, wenn nicht nur die Liebe zu groß wird, sondern auch größere Investitionen anstehen, die einzelne allein nicht finanzieren können. Doch dann vereinen sich nicht mehr Amateure, sondern Profis auf dem Weg zu neuen Höhepunkten.

4.2. Gründe für eine Heirat

Es gibt einige Gründe dafür, ein Unternehmen zusammen mit anderen zu gründen. Oft ist der einzelne überfordert mit der alleinigen Leitung des Betriebes, zum anderen bringt er das nötige Kapital, die nötige Erfahrung oder Kontakte nicht mit. Auch die Angst vor Einsamkeit ist ein Aspekt. Einzelkämpfer *sind* häufig einsam. Und schließlich macht es manchen Menschen Freude, etwas gemeinsam und gleichberechtigt zu unternehmen.

Wir fragen dann allerdings gerne und hemmungslos: „Wer ist Tarzan, wer ist Jane?" Nur in Ausnahmefällen sind zwei oder gar mehr Gründer gleich stark. Im Regelfall erleben wir Macher und Mitmacher. Doch traut sich kaum einer, das auch zuzugeben.

Doch es gibt auch Unternehmer, die ihre Mitarbeiter durch das Angebot der Beteiligung motivieren und so gemeinsam mit ihnen wachsen wollen. **Beispiel:** Eine Schwimmschule, bisher von Familienmitgliedern und 400-€-Kräften getragen, hat den Durchbruch geschafft. Die Schwimmschüler kommen in Scharen. Traditionelle Berater würden nun Festeinstellungen von Mitarbeitern empfehlen.

Doch das scheint den Betreibern zu gefährlich: Sie mögen weder hohe Fixkosten noch die Angestelltenmentalität.

Ihre Lösung: Sie geben Sportstudenten und Schwimmlehrern die Möglichkeit, als Freiberufler bei ihnen anzufangen. Zunächst zu festen Stundensätzen und dann, ab Zweigstellenleiter, mit Umsatzbeteiligung bis hin zur Option auf Subunternehmerschaft. Das gesparte Geld stecken sie in die Ausbildung.

4.3. Rechtsformen für Gründer

4.3.1. Gewerbe und Freiberufler

Da die Motivationen und Bedürfnisse bei der gemeinsamen Gründung sehr unterschiedlich sind, wird dem auch durch zahlreiche Rechtsformen Rechnung getragen. Wir wollen nur die für Gründer wichtigsten hier aufführen.

Am Anfang sei die Frage gestellt, wie sich ein Gewerbe eigentlich definiert und was im Gegensatz dazu ein Freiberufler ist.

Gewerbe: Jede selbständige, offene und nachhaltige Tätigkeit mit der Absicht auf Gewinnerzielung, ausgenommen die Land- und Forstwirtschaft sowie freie Berufe.

- **selbständig:** man handelt im eigenen Namen und auf eigene Rechnung (nicht gegeben bei vollständig integrierten Subunternehmen)
- **offen:** nach außen erkennbar und am allgemeinen Wirtschaftsverkehr teilnehmend (nicht gegeben bei vollständig geschlossener Gesellschaft)
- **nachhaltig:** auf gewisse Dauer (Wiederholungsabsicht, nicht gegeben bei Privatverkäufen)
- **Gewinnabsicht:** maßgebend ist allein die Absicht, wobei die neuere Rechtsprechung auch bereits allein auf Umsätze abhebt (nicht gegeben bei Liebhaberei)

Freie Berufe: Tätigkeiten, bei denen die Arbeitsleistung des Selbständigen eine dominante Rolle spielt. Ohne ihn ist die Praxis nicht arbeitsfähig (z. B. Steuerberater). Es gibt zahlreiche Prozesse und Urteile, durch welche die freiberufliche Tätigkeit für einzelne Berufe umkämpft und geregelt wird, was zeigt, dass es sich hierbei um ein Privileg handeln muss. Freiberufler können sich nur als BGB-Gesellschaft, als Partnerschaftsgesellschaft oder als GmbH zusammenschließen.

4.3.2. Einzelunternehmer

Das Einzelunternehmen ist natürlich keine Gesellschaft, denn eine Person hält allein alles in der Hand. Ihr gehört das gesamte Eigenkapital, sie hat formal allein zu bestimmen (real könnten Kreditgeber erheblichen Einfluss nehmen), kassiert den gesamten Gewinn und trägt das alleinige Risiko des Verlustes, wobei natürlich Kreditgeber und die Angestellten auch durch Verluste mit betroffen sein können.

Vor allem kleinere Unternehmen werden so geführt. Entscheidungen können allein und schnell getroffen werden, die Gründung ist juristisch billig und einfach, da keine Verträge nötig sind. Nachteilig ist neben der häufig geringen Kapitaldecke auch ein oft wissens- wie kräftemäßig überlasteter Unternehmer, der sich mit wachsender Unternehmensgröße immer mehr vom Treiber zu einem Getriebenen verwandelt. Seine Lautstärke zeugt von seiner Unfähigkeit und Angst. Er kommt mit dem expandierenden Unternehmen nicht mehr mit, weil er unfähig ist, zu delegieren und zu organisieren. Sein vermeintlicher oder tatsächlicher Erfolg

Gewerbe
ist jede selbständige, offene und nachhaltige Tätigkeit mit der Absicht auf Gewinnerzielung,

Freie Berufe
sind Tätigkeiten, bei denen die Arbeitsleistung des Selbständigen eine dominante Rolle spielt.

wächst ihm über den Kopf. Er erkennt nicht, dass seine Angestellten, bedingt durch ihr Verhältnis zum Unternehmen, natürlicherweise erst mal ganz andere Interessen haben müssen als er, wittert überall Verrat, Faulheit und Schlendrian und ist dem Herzinfarkt oft nahe.

Dieses Bild ist natürlich überzeichnet. Es trifft desto weniger zu, je kleiner das Unternehmen bleibt, je mehr der Unternehmer „loyale" Mitarbeiter (auch aus der Familie) hat, je mehr er in der Lage ist, neue Wege der Organisation zu gehen, und als Grundbedingung dafür – je besser sein Verständnis von kaufmännischen Zusammenhängen ist. Gerade im Handwerk erkennt man, dass Unternehmenswachstum nicht unmittelbar von fachlichen Qualifikationen des Meisters abhängt, sondern von seinen organisatorischen.

Die Gründung einer Gesellschaft ist eine Möglichkeit, aus dem Dilemma herauszukommen.

Seit 1998 gilt das neue, liberalisierte Handelsrecht. Jeder gewerbliche Gründer darf jetzt unabhängig von seiner Größe frei entscheiden, ob er sich von Beginn an als Vollkaufmann ins Handelsregister eintragen lassen will oder ob er zunächst Minderkaufmann bleibt.

Wer sich als Vollkaufmann ins Handelsregister eintragen lässt, der muss mit dem härteren HGB leben. Für Minderkaufleute gilt ausschließlich das weichere BGB. Die Handelsregistereintragung kostet rund 400 €. Jedoch ist der Imagevorteil unbestreitbar. Zudem besteht höhere Rechtssicherheit hinsichtlich der Rechts- und Haftungsverhältnisse. Denn nur durch einen Handelsregistereintrag lassen sich problemlos und rechtsverbindlich nach außen die Rechtsverhältnisse der Gesellschaft dokumentieren.

Der Einzelunternehmer, der sich ins Handelsregister eintragen lässt, tritt nach außen als eingetragener Kaufmann oder eingetragene Kauffrau auf, auch e. K., eK, e. Kfm., e. Kfr. als Kürzel sind möglich.

Auch das rigide Namensrecht, lange schon durch die Praxis ausgehöhlt, wurde liberalisiert. Ob 1. Sachfirma, 2. Phantasiefirma oder 3. Namensfirma – alles ist jetzt zulässig:

1. Tinas Seitensprung Agentur e. Kfr.
2. Sex-Session eK
3. Agentur Tina Thaler e. K.

Tinas Firma muss jedoch Unterscheidungskraft besitzen. Irreführung über Art und Umfang des Unternehmens ist ebenfalls verboten. Sich zum Beispiel Deutsche Seitensprung Agentur nennen, aber allein in Frankfurt tätig und eingetragen zu sein, ist unzulässig.

Schließlich muss noch die Verwechslungsgefahr ausgeschlossen sein. Wenn im Namensbereich des Handelsregisters bereits eine gleich lautende oder verwechselbare Firmenbezeichnung existiert, wird die Eintragung verweigert, und Änderungen des Namens werden nötig. Es empfiehlt sich, um Zeit und Kosten zu sparen, den gewählten Namen vorab über die zuständige IHK abzuklären.

Minderkaufleute, die nicht im Handelsregister eingetragen sind, haben keinen Firmennamen und müssen nach wie vor immer mit ihrem Vor- und

Zunamen auftreten. Lediglich ergänzende Etablissementbezeichnungen wie Boutique 2000 sind zulässig, aber nicht offizieller Namensbestandteil.

4.3.3. BGB-Gesellschaft

Die BGB-Gesellschaft, auch Gesellschaft bürgerlichen Rechts (GbR) genannt, ist die einfachste Gesellschaftsform überhaupt und bedarf nicht einmal eines schriftlichen Vertrages. Die Gesellschafter verpflichten sich gegenseitig, die Erreichung eines gemeinsamen Ziels in bestimmter Weise zu fördern. Dazu genügt die mündliche Absprache, wovor aber aus Beweisschwierigkeiten im Falle der Auseinandersetzung gewarnt sei. Die BGB-Gesellschaft ist vor allem als Zusammenschluss von Minderkaufleuten und Freiberuflern relevant. Sie kann nicht ins Handelsregister eingetragen werden.

Sofern nichts anderes beschlossen, haben die BGB-Gesellschafter gleiche Rechte und Pflichten, vor allem die auf Beitragsleistung, Gewinn, Geschäftsführung. Für jedes Geschäft ist die Zustimmung aller Gesellschafter erforderlich. Die Gesellschafter handeln im eigenen Namen, und das Gesellschaftsvermögen ist rechtlich ihr Privatvermögen, so wie die Schulden rechtlich ihre Privatschulden sind. Die Haftung ist unbeschränkt, unmittelbar und solidarisch.

Natürlich kann abweichend davon Doris Görg ihren Freund nur zu 10 % an der Gesellschaft beteiligen und vereinbaren, dass Beschlüsse mit einfacher Mehrheit gefasst werden können. Ihr Freund haftet dann im Innenverhältnis auch nur zu 10 %. Aber im Außenverhältnis ist seine Haf-

Kennzeichnend für diese Gesellschaftsform ist, dass die meisten Menschen einer BGB-Gesellschaft angehören, ohne es zu wissen. **Beispiel:** *Fünf Rentner bilden eine Tippgemeinschaft. Jeder gibt einen Beitrag von ⅕, die Zahlen werden nach festgelegtem System ausgefüllt, einer ist für die Abgabe des Scheins verantwortlich. Die zu erwartende Million soll geteilt werden. Dies ist schon eine BGB-Gesellschaft, wenn auch hier ohne gewerblichen oder freiberuflichen Zweck.*

Beispiel:
Unsere Saftladen-Unternehmerin muss ihren Freund am Geschäft beteiligen, da sie ihren Kreditbedarf steigen sieht und seine Kreditwürdigkeit als Hausbesitzer gut ist. Sie beschließen, den Laden gemeinsam zu führen, und nennen sich: Tropica-Natursaftladen, Doris Görg und Hans Kaus GbR.

tung zunächst unbeschränkt, d.h., er haftet zunächst voll für ihre Mehrheitsbeschlüsse und muss dann versuchen, das Geld, das die Gläubiger aus seinem Haus rausholen, von ihr zurückzubekommen.

Großes gegenseitiges Vertrauen ist Voraussetzung für die Wahl dieser Rechtsform. Der Aufwand, einen Gesellschaftsvertrag zu entwerfen, der halbwegs alle Risiken untereinander regelt, ist unverhältnismäßig hoch. Daher versuchen es die meisten erst gar nicht. Zudem: Das wenigste, was intern vereinbart wird, wirkt verbindlich im Außenverhältnis.

4.3.4. Partnerschaftsgesellschaft

Seit 1995 haben Freiberufler endlich eine nur für sie reservierte Rechtsform, die sie wieder ruhig schlafen lässt. Ob Anwalt, Unternehmens- oder Steuerberater: Alle leben in der Angst, dass der Partner falsch berät und der Schaden dann alle Partner ruiniert. Daher wählten viele – so sie standesrechtlich durften – bisher die GmbH.

Die neue Rechtsform PG erlaubt, die Haftung für fehlerhafte Berufsausübung auf den Partner zu beschränken, der die berufliche (Fehl-)Leistung erbracht hat.

Für alle Verbindlichkeiten der Partnerschaft, die sich aus dem täglichen Geschäftsverkehr ergeben (Lohn, Lieferanten, Miete), haften jedoch die Partner als Gesamtschuldner auch mit ihrem Privatvermögen, so wie eine BGB-Gesellschaft. Die PG wird im Partnerschaftsregister beim Amtsgericht eingetragen.

Ein Hinweis sei jedoch gegeben: **Wichtiger als die Einstiegsregelungen,** *die im Zweifelsfall im Gesetz hinreichend geregelt sind,* **sind die Ausstiegsregelungen,** *also etwas, woran man in der Gründungseuphorie gar nicht gern denkt und worüber man schon gar nicht offen sprechen möchte. Dazu gehören Ausstiegsregelungen und Auszahlungsvereinbarungen, die den Fortbestand des Unternehmens sichern.*

4.3.5. Gesellschaft mit beschränkter Haftung

Die GmbH ist eine Kapitalgesellschaft. Das bedeutet, sie vereinigt primär das Kapital, das die beteiligten Gesellschafter einbringen. Kapitalgesellschaften sind selbständige Rechtsgebilde, die von der Person getrennt sind und selbständig rechtsfähig werden. Sie können also handeln als und unter dem Namen der Gesellschaft, die auch selbständig steuerpflichtig wird. Die Gesellschafter haben nur der Gesellschaft gegenüber Rechte und Pflichten, nicht gegenüber ihren Mitgesellschaftern. Daher ist der Bestand der Gesellschaft theoretisch unabhängig vom Eintritt und Ausscheiden der Gesellschafter.

Für kleinere GmbHs gilt das natürlich in der Praxis nicht.

Die Geschäftsführung vertritt die GmbH. Bei Gründungen sind meistens die Gesellschafter auch die Geschäftsführer. Das macht die Sache nicht einfacher, denn sie wissen wegen ihrer Doppelfunktion oft nicht, als wer sie jetzt handeln.

Nur die Gesellschaft haftet, nicht die Gesellschafter. Über das Vermögen der Gesellschaft können die Mitglieder nicht unmittelbar verfügen, sondern nur mittelbar im Rahmen ihres Einflusses auf die Gesellschaft.

Die Motivation für viele GmbH-Gründungen entspringt einem weit verbreiteten Irrtum: „Wir gründen eine GmbH, und wenn die Sache schief geht, sind die anderen die Dummen."

Wer sollen jedoch „die anderen" sein?

Da die Gesellschaft mit dem Zusatz mbH auftreten muss, weiß doch jeder, dass das persönliche Vermögen der Teilhaber schwer antastbar ist. Umso höhere Anforderungen werden also die Kreditgeber an die Bonität der Gesellschaft selbst stellen:

Lieferanten fragen bei Auskunfteien nach und machen den Eigentumsvorbehalt geltend oder verlangen gar Vorkasse. **Banken** fordern Sicherheiten durch Verpfändung von Privatvermögen der Gesellschafter – sonst gibt es eben keinen Kredit.

Und mit dem Mindestkapital (Stammkapital) von 25 000 Euro Haftungssumme sind auch die Gesellschafter am Unternehmerrisiko beteiligt.

Schließlich haften die Geschäftsführer auch mit ihrem Privatvermögen, wenn sie in eine der zahlreichen Fallen getappt sind, die das GmbH-Recht so in sich trägt. Gutverkaufte Bücher zu diesem Thema bezeugen dessen Relevanz.

Bei Anfängern ist die GmbH deshalb so beliebt, weil die Angst vor dem Unbekannten, was man als „Unternehmerrisiko" im Kopf hat, und nicht zuletzt auch die Angst vor den lieben Mitgesellschaftern groß ist und man glaubt, sich durch die GmbH absichern zu können.

Die GmbH ist eine äußerst beliebte Rechtsform, steht aber bei den Unternehmensinsolvenzen an der Spitze.

Welchen Schluss kann man daraus ziehen? Einen jedenfalls nicht: Die GmbH-Form ist nicht Ursache für die Insolvenz, wohl aber kann die Wahl der Rechtsform GmbH Ausdruck für Umstände und Einstellungen sein, die dann mit der Insolvenz-Häufigkeit korrelieren.

In Einzelfällen ist die GmbH sicher sinnvoll, jedoch gilt dies nur bedingt für den Existenzgründer. Dort, wo hohe Risiken aus der Produkthaftung bestehen oder manchmal auch aus steuerli-

Beispiel:
Dem Anwaltsbüro Flick und Flegel droht Ungemach. Partner Flegel hat eine Frist versäumt und damit den Prozess seines Verkehrsunfallopfers Pechvogel aus formalen Gründen verloren. Herr Pechvogel klagt die verlorene Dauerrente jetzt beim Anwaltsbüro ein. Glück für Flick. Da Partner Flegel allein den Fall bearbeitete, muss er auch allein haften. Die Partnerschaft dürfte damit allerdings beendet sein.

chen Gründen gibt es Vorteile. Dennoch raten viele Steuerberater Gründern wärmstens zu dieser Gesellschaftsform, macht sie doch – frevelhaft gesprochen – ob ihrer komplizierten Struktur sehr stark von ebendiesen Steuerberatern abhängig.

Der Gesellschaftsvertrag stellt die Handlungsgrundlage sowohl für Geschäftsführer als auch für die Gesellschafter untereinander dar. Der Gewinn oder Verlust wird im Verhältnis der Gesellschaftsanteile an die Gesellschafter ausgeschüttet oder thesauriert, d.h. in der Unternehmung belassen. Die Gesellschaft ist selbständig steuerpflichtig. Unangenehm ist aber die Nichtverrechenbarkeit von Verlusten aus anderen Einkommensarten.

Das Eigenkapital einer GmbH ist weit untergliedert. Was Gründer selten verstehen ist, dass sie nur noch ein eingeschränktes Verfügungsrecht über das GmbH-Vermögen haben, selbst wenn sie alleiniger Gesellschafter sind. Das ist im Wesentlichen dem Gläubigerschutz geschuldet.

Irrig ist die Vorstellung, das Mindeststammkapital von 25 000 € sei unantastbar. Im Gegenteil: Es kann für alle Zwecke der Gesellschaft verwendet werden. Daher finden die Konkursverwalter im Ernstfall auch selten noch Geld in der Kasse.

4.3.6. Mini-GmbH gegen Limited

Nach langen Jahren des Zögerns und Zauderns wird das GmbH-Recht 2008 geändert. Der Boom bei den Limited (Ltd) in Deutschland, die seit einem Urteil des Europäischen Gerichtshofs hier operativ tätig sein dürfen, selbst wenn sie an ihrem Stammsitz in England keine Geschäftstätigkeit haben, sorgte für den nötigen Druck auf den Gesetzgeber. Die **Limited** bietet zwei entscheidende Vorteile:

a. Unbürokratische, schnelle Gründung binnen Tagen (die GmbH braucht bis zu ihrem Handelsregistereintrag oft Monate)

b. Nur ein Haftungskapital von einem britischen Pfund (GmbH: 25 000 €)

Findige Geschäftsleute überziehen seit Jahren das Land mit Limited-Angeboten und haben bereits über 40 000 Gründungen zu verzeichnen.

So verliert diese Rechtsform in Deutschland langsam ihr Gauner-Image.

Die Mini-GmbH (Unternehmergesellschaft) ist ein halbherziger Versuch, das Ventil ein wenig zu öffnen, ohne das GmbH-Recht im Kern ändern zu müssen. Die gleiche Taktik wie bei der Reform des Handwerksrechts. Geplante Neuerungen ab 2008:

1. Mindeststammkapital der GmbH sinkt auf 10 000 €.

2. Einführung einer Mini-GmbH (§ 5a GmbH-Gesetz). Sie kann mit 1 € Stammkapital gegründet werden. Jedoch müssen 25 % des Gewinns so lange in die Rückstellungen fließen, bis 10 000 € erreicht sind. Dann darf die Mini-GmbH sich zu einer richtigen GmbH mausern, wenn sie will.

Eine Standardsatzung wird vom Gesetzgeber angeboten. Mit ihr spart der Gründer den Notar. Eine einfache Unterschriftenbeglaubigung reicht. Das spart nicht nur Zeit und Kosten, sondern auch das entsetzliche Geleiere, mit dem der Notar gewöhnlich seine eigene Standardsatzung vorliest.

Somit dürften die wesentlichen Gründe für die Wahl der Limited entfallen sein. Schärfere Transparenzvorschriften sind der Preis.

4.3.7. Insolvenz und Insolvenzverwalter

Doch, um Illusionen vorzubeugen: Im Konkursfall werden stets gierige Insolvenzverwalter versuchen, die Rechtsgeschäfte der Geschäftsführer des letzten Jahres anzufechten, um sie in die persönliche Haftung zu zerren. Sie klagen auf Staatskosten (Prozesskostenhilfe), haben also selbst kein Risiko und verdienen mindestens die Anwaltsgebühren. Der Geschäftsführer dagegen muss seine Verteidigung aus der eigenen Tasche zahlen (vierstellig, manchmal fünfstellig) und bleibt auf seinen Kosten sitzen, selbst wenn er obsiegt.

„Melden Sie Ihre Forderung zur Insolvenzmasse an", rät ihm dann zynisch der unterlegene Insolvenzverwalter. Um dann, nach Jahren sorgfältiger Prüfung, mitzuteilen, er könne „mangels Masse" keine Quote auf die Forderung zahlen.

Keine Waffengleichheit im Insolvenzrecht!

Gewinnt der Insolvenzverwalter gar den Prozess, dann wird es für den Geschäftsführer richtig bitter. Er wird in fünf- bis sechsstelliger Höhe privat zur Kasse gebeten.

Doch nur wenn der Insolvenzverwalter etwas übrig lässt, bekommen die Gläubiger der GmbH nach Jahren dann eine Quote auf ihre Forderungen an die insolvente GmbH. So sieht Gläubigerschutz in der Praxis aus.

Noch eine plumpe aber wirksame Masche des

Insolvenzverwalters: Er zweifelt an, dass das Mindeststammkapital von 25 000 € bei der Gründung der GmbH erbracht wurde. Der Geschäftsführer gerät in Beweispflicht. Ist die GmbH älter als 10 Jahre, so wurden im Regelfall die Akten des Gründungsjahres vernichtet. Die Aufbewahrungspflicht endet nämlich nach 10 Jahren. (Übrigens: Geschäftsakten von 10 Jahren füllen viele Regalmeter!)

Also kann der Geschäftsführer nicht mehr nachweisen, dass das Stammkapital von den Gesellschaftern tatsächlich eingebracht wurde. Und deshalb dürfen sie brav noch einmal in die Kasse der GmbH einzahlen.

4.3.8. Stille Gesellschaft

Die meisten Leser haben von ihr vermutlich noch nie gehört. Schade. Aber diese Art von Beteiligung ist so diskret, dass sie selten für Aufsehen sorgt.

Die stille Gesellschaft ist keine eigenständige Rechtsform, sondern besteht nur in einer Beteiligung innerhalb einer anderen Rechtsform.

„Still" nennt man sie, weil nach außen nicht erkennbar. Der stille Gesellschafter leistet lediglich eine Vermögenseinlage (Geld, Sachen, Rechte oder Dienste), ist jedoch in der Gesellschaft nicht tätig. Ein Vertrag, der formfrei ist, also auch mündlich abgeschlossen sein kann, begründet die stille Gesellschaft.

Beispiel: Eine Großmutter lässt sich von ihrem Enkel 10 000 € entlocken, mit dem Versprechen von Rückzahlung und Anteil am Gewinn.

Da nach außen nicht sichtbar, haftet der stille Gesellschafter nicht für die Schulden des Unternehmens, lediglich seiner Beteiligung kann er verlustig gehen, denn diese steht wie das übrige Eigenkapital in der Haftung. Seine Kontrollrechte sind begrenzt. Er hat zwingend Anspruch auf Gewinnbeteiligung (sonst wäre es ein Darlehen), partizipiert jedoch nicht am höheren Geschäftswert oder an den stillen Reserven (typische stille Gesellschaft).

Ist dies jedoch abweichend vereinbart, so spricht man von einer atypischen stillen Gesellschaft, bei der auch eine Beteiligung am Verlust besteht. Steuerlich bietet dies den Vorteil der Verlustzuweisung.

Trotz aller Formfreiheit sei auf einen schriftlichen Vertrag Wert gelegt, der folgendes enthält:

- Regelung der Gewinnbeteiligung
- Regelung der typischen / atypischen Beteiligung
- Kündigungs- / Auszahlungsfristen
- Sicherung des Einlegers

Diese Form der Beteiligung bietet sich vor allem anstelle eines FFF-Kredits an und verhindert – ordentlich geregelt – den üblichen Ärger der Gefälligkeitskredite. Klargemacht werden sollte auf jeden Fall, dass der stille Gesellschafter ein Verlustrisiko trägt, das im Ernstfall dann aber auch Steuer sparend wirkt.

Die stille Beteiligung kann eine der zukunftsträchtigen Formen der Gründungsfinanzierung sein – und das nicht nur im High-Tech-Bereich. Während Steuersparmodelle, sei es als Abschreibungsgesellschaft oder als Immobilienerwerb, weitgehend unattraktiv gemacht werden, bleibt die unternehmerische Beteiligung für Gutverdie-

nende attraktiv. Verluste des Gründers in der An-
laufphase können genutzt werden, um die eigene
Steuerbelastung zu senken. Und das mit recht ein-
geschränktem Risiko. Es hemmen gegenwärtig
noch Unkenntnis und Angst. Aber so wie Börsen-
spekulation zum Volkssport geworden ist, so wird
private Gründungsfinanzierung ein Modell der
Zukunft. The American Way.

4.4. Warum scheitern Teamgründungen?

Angesichts der Propaganda, die Politik und Grün-
derlobby für die Teamgründung machen, ist unsere Skepsis ja schon fast Ketzerei. Doch seltsamer-
weise sehen wir häufiger Teams scheitern als Ein-
zelgründer. Und: Sie scheitern schmerzhafter.

Warum nur? Wir führten bereits aus, wie pro-
blematisch es ist, wenn Amateure sich vereinigen.
Die sollten lieber einen wesentlich risikoloseren
Verein gründen. Da wird Dilettantismus noch mit
Vorstandsposten und Ehrennadeln belohnt.

Vereinigen sich dagegen Profis, dann sieht die
Erfolgschance von Teamgründungen schon ganz
anders aus. Aber nur wenige Gründer starten als
Profis.

Doch die Tatsache, dass voreilig Partnerschaf-
ten geschlossen werden, trotz mangelnder Ein-
schätzung, wie die Beteiligten in Extremsituatio-
nen reagieren – und eine Existenzgründung ist eine Extremsituation –, ist uralt. Auch die Zwangs-
läufigkeit, dass mit jedem Partner, der vom Unternehmen leben will, die notwendige Betriebsgröße
und damit der Kapitalbedarf wächst, hat sich he-

rum gesprochen. Wenn das Eigenkapital nicht entsprechend aufgestockt werden kann, steigt eben die Verschuldung und damit das Risiko.

Es müssen neue Gründe sein, die heute gegen die Dauerhaftigkeit partnerschaftlicher Gründungen sprechen. Ein Gespräch mit einem FAZ-Redakteur („Dahinter steckt manchmal ein kluger Kopf!") schaffte Klarheit. Wir entwickelten zwei Thesen:

1. Die Startbedingungen sind härter geworden, wobei sich die Partner die Auswirkungen auf die eigene Lebensführung in der länger als geplant dauernden Gründungsphase nicht genügend klarmachen. Gleichzeitig ist die Bereitschaft, auf vertraute Ansprüche an das Leben zu verzichten (Opferbereitschaft), geringer geworden – sowohl bei den Gründerpartnern selbst als auch in deren häuslichem Umfeld. Daher setzt Erfolglosigkeit = reduzierte Lebensführung Konflikte in Gang.

2. Die Fähigkeit, mit Konflikten umgehen zu können (Streitkultur), ist heute erheblich niedriger als früher. Herrschte noch bis in die 80er Jahre in Hochschule und Betrieb eine zum Teil wilde Entschlossenheit, für die Rechte von irgendwem oder für 200,- DM mehr im Monat auf die Straße zu gehen, ist heute eher Individualität und Rückzug üblich. Lieber zahlt man seine Interessenvertreter und kauft sich damit seine Ruhe. Während der Kampf gegen die Startbahn West 1981 im Flörsheimer Wald noch brachial vor Ort ausgetragen wurde, treten die Gegner der neuen Landebahn 2007 lieber einem Verein bei und lassen Anwälte kämpfen. Stellt ein Dozent heute Studenten zwei Theorien vor, so bekommt er als Replik nicht eine dritte oder gar Widerstand zu spüren, sondern lediglich die piepsige Frage: „Und welche müssen wir lernen?"

Da wundert es dann nicht mehr, wenn Partnergründungen schon bei den ersten Konflikten enden wie „Ehen vor Gericht".

4.5. Unglückszahl Drei

Drei süße Schneiderinnen haben sich selbständig gemacht und wollten ein eigenes Mode-Label schaffen. Drei taffe ITler wollten mit Open-Source-Software den Markt der Mittelständler erreichen. Zwei Beispiele von zwanzig. Beide Trios zerstritten sich bereits nach Monaten.

Keine Besonderheit. Fast alle Dreier-Gründungen zerstreiten sich in kürzester Zeit. Ist keine Astrologie sondern Gruppendynamik.

Manchmal gelingt es, dass daraus ein funktionierendes Zweier-Team wird. Aber die Belastung durch die Auseinandersetzung verhindert das häufig. Da lähmt zum einen der häufig lange und quälende Trennungsprozess, garniert mit gelegentlich happigen finanziellen Forderungen des Ausscheidenden. Zum anderen war die Gründung auf Dreier-Basis geplant. Daher fehlen jetzt Arbeitskraft, Kapital und vielleicht sogar Know-how und Marktkontakt. Sind gar noch Kredite zu bedienen, so weigert sich in aller Regel die Bank, den Ausscheidenden von der Haftung für die bestehenden Kredite freizustellen. Es sei denn, die Verbliebenen können und wollen Sicherheiten nachschießen.

All das kostet Zeit und Kraft, die dann für die Kunden fehlen. Schlechtere Überlebenschancen also.

„Drei ist eine Unglückszahl", predigen wir daher jedem Gründer-Trio, das in unsere Beratung kommt. Wir ernten Verständnislosigkeit oder Gelächter. Doch bisher trotzten nur die Naturholz-Schreiner aus Rheinhessen dem Gesetz der Serie. 12 Jahre lang. Kompliment.

Weil nicht nur wir das wissen, raten alle Anwälte und Berater zu Verträgen. Lieber einen Vertrag als keinen Vertrag. Lieber einen guten Vertrag, als einen schlechten. Allein, am Ende fehlt uns auch hier der Glaube.

4.6. Sind Verträge Makulatur?

„Alles Makulatur", stöhnte der Meister früher, wenn der Lehrling 10 000 Briefbogen mit der falschen Farbstärke durch die Druckmaschine laufen ließ. Ab ins Altpapier. Taugen Verträge zwischen Gründern mehr?

Früher glaubten auch wir, gute Verträge wirkten Wunder, gerade als Garant für schmerzlose Trennungen. Heute sehen wir weit mehr die Macht des Faktischen und die Begrenztheit juristischer Erfolgschancen. Besonders übel sind die Fälle, in denen ein Gründerteam trotz einiger Jahre harter Arbeit nie aus Verlustzone und Schulden heraus gekommen ist. Fast unmöglich, jetzt vom Ausscheidenden zu verlangen, er möge seinen Anteil von 60 000 € Schulden beim Ausstieg mitnehmen. Ausscheiden eines Gesellschafters bei negativem Unternehmenswert – da bleibt der beste Vertrag nutzlos.

In keinem Fall sahen es Aussteigende bisher ein, für Null auszusteigen und ihre Schulden mitzunehmen. Vertrag hin, Vertrag her. Lieber bleiben sie in der Gesellschaft und tragen zu deren Ende bei. Die Gründer, die weitermachen wollen, weil sie noch an die Erfolgschancen glauben, werden also nachgeben müssen. Sonst riskieren sie einen langen und zähen Kampf.

Und so nimmt der Aussteiger meistens mindestens noch einige Werkzeuge und den Firmenwagen mit und lässt sich, zumindest intern, vom Schuldendienst freistellen.

Doch auch ohne Schulden ist es hart genug. Zerstritten, erschöpft, genervt oder einfach nur wegen einer lockenden anderen Perspektive will ein Gründer nach sechs Monaten aus dem Team aussteigen. Im Gesellschaftsvertrag hat er sich dagegen für mindestens drei Jahre verpflichtet. Kann man ihn halten, soll man ihn halten?

Naiv der Glaube, notfalls würde ein Richter dafür sorgen, dass der Vertrag eingehalten wird. Denn: Zu was soll er denn den Vertragsbrüchigen verurteilen? Zu Zwangsarbeit?

„Ja aber der Schaden! Der muss mindestens Schadenersatz zahlen!"

Schadenersatz ist in Deutschland eine schwierige Sache. Worin besteht und wie hoch ist der Schaden zu taxieren, den ein zu früh austretender Gesellschafter verursacht, wenn die Gesellschaft bisher nur Verluste machte?

Kurz und schlecht: Mit Verträgen hält man im Kleinbetrieb faktisch keinen auf oder ab.

5.
STEUERN –
DIE ANSPRÜCHE
DES FINANZAMTS

5.1. Kleinunternehmer und Finanzamt

Wir wollen uns hier darauf beschränken, einen groben Einblick in die Steuersystematik und die drei wichtigsten Steuerarten für Gründer zu geben.

Auf kaum einem anderen Gebiet unternehmerischer Tätigkeit kursieren so viele falsche Vorstellungen, wie über das Steuerrecht.

Hauptstreitpunkt ist dabei stets, was man wohl alles „von der Steuer absetzen" kann (gemeint ist die Einkommensteuer), wobei den Streitenden meist die Steuerwirkung einer solchen Absetzung völlig unklar ist. Zudem ist nur selten etwas „von der Steuer"(-schuld) absetzbar, meistens jedoch nur vom zu versteuernden Einkommen, was einen erheblichen Unterschied macht.

Bei allzu laxem Umgang mit der Steuerpflicht droht „Steuerhinterziehung" oder „Steuerverkürzung". Wer einmal ein solches Verfahren am Hals hat, dem drohen:

- ■ genaueste Prüfung aller Geschäftsvorfälle (da findet sich immer was)
- ■ Bußgelder oder Strafen
- ■ Anwaltskosten für längere Verfahren
- ■ im Ausnahmefall Gefängnis

5.2. Einkommensteuer

5.2. 1. Von der Lohnsteuer zur Einkommensteuer

Die meisten Leser dieses Buches haben vermutlich mit dem Problem Steuer höchstens so viel zu tun, dass sie sich über ihre monatlichen Lohnsteuerabzüge aufregen, die ihnen ihr Arbeitgeber gleich einbehält. Lediglich am Jahresende bekommen sie ihre Lohnsteuerkarte, mit der dann auf Antrag eine Einkommensteuerveranlagung vorgenommen werden kann.

Aber auch die, die den Antrag stellen, lassen sich meist helfen:

- vom **Steuerberater,** der allerdings diese Klein- und Kleinstkunden gerne abschiebt, weil er an ihnen nicht genug verdienen kann
- von **Lohnsteuerhilfevereinen,** die sich – aus obigem Grund von der Steuerberaterkammer geduldet – etablieren konnten
- von **Bekannten** und **Verwandten,** die meinen zu wissen, wie es gemacht wird.

Mit Beginn der Gründung entsteht schlagartig das Problem, dass jährlich neben vielen anderen Erklärungen und Vorausanmeldungen eine Einkommensteuererklärung abgegeben werden muss.

Einkommensteuer und Lohnsteuer unterscheiden sich in ihrer Höhe nicht, denn die Lohnsteuer ist nur eine besondere Erhebungsform der Einkommensteuer. Während die Lohnsteuer monatlich sofort abgezogen wird, rechnet sich die Einkommensteuer direkt nach dem Jahreseinkommen. Vorauszahlungen sind zwar vierteljährlich zu leisten, aber praktisch nur auf der Basis des Einkommens des Vorjahres. Dies bietet Liquiditätsvorteile, aber auch Gefahren.

Beispiel: Wir erklären dem Finanzamt auf dem Fragebogen zur steuerlichen Erfassung, dass im ersten Geschäftsjahr mit Verlusten zu rechnen ist. Also wird die vierteljährliche Vorauszahlung mit 0 angesetzt. Stellt sich am Jahresende heraus, dass wir im ersten Jahr wider alle Normalität 50 000 € Gewinn gemacht haben, so wird das Finanzamt rund 13 000 € Steuernachzahlung verlangen und außerdem für das zweite Jahr 3 000 € je Quartal Vorauszahlung.

Haben wir das Geld für diesen Zweck zurückgelegt, so gibt es kein Problem. Ist jedoch die drohende Verpflichtung schlicht vergessen worden, und das Geld ist nicht verfügbar, so kann das übel ausgehen.

Doch was ist eigentlich alles zu versteuern und in welcher Höhe?

5.2.2. Die sieben Einkunftsarten der Einkommensteuer

Grundlage des Steuerrechts ist, dass es sieben Einkommensarten gibt, die der Einkommensteuer unterworfen sind. Die Einkommensarten lassen sich gegeneinander verrechnen, d. h., positive und negative Einkommen addieren und saldieren sich:

Einkünfte aus:
1. Land- und Forstwirtschaft
2. Gewerbebetrieb
3. selbständige Arbeit
4. nichtselbständige Arbeit
5. Kapitalvermögen
6. Vermietung und Verpachtung
7. sonstige Einkünfte
= **Summe der Einkünfte**
– Verlustabzug (Rück- und Vortrag)
– Sonderausgaben
= **zu versteuerndes Einkommen**

Aus der Möglichkeit des Verlustabzuges resultiert ein viel verbreiteter Irrglaube, man könne an Verlusten Geld verdienen.

Beispiel: Gründungsjahr

Einkünfte aus Gewerbebetrieb	− 30.000 €
Selbständige Arbeit:	+ 6.000 €
Nichtselbständige Arbeit:	+ 34.000 €
Kapitalvermögen:	+ 2.000 €
Summe der Einkünfte:	+ 12.000 €
Sonderausgaben:	− 2.000 €
Zu versteuerndes Einkommen:	+ 10.000 €

Hätte man keine Verluste aus Gewerbebetrieb, dann wären 40 000 € zu versteuern. Einkommensteuer (Grundtabelle) rund 9 300 €. Durch den Verlust sinkt das zu versteuernde Einkommen auf 10 000 €. Einkommensteuer: 400 €.

Toll: 8 900 € gespart. Aber: Bei 30 000 € Verlust! War der Verlust echt, dann ist das kein Geschäft.

Man sieht im Beispiel: Durch Verluste aus Gewerbebetrieb sind nur noch 10 000 € steuerbar, statt der 40 000 €, die ohne Verluste aus Gewerbebetrieb zu versteuern wären. Es bleiben aber Verluste.

Man kann von jedem Euro Verlust nur so viel an Steuern sparen, wie der eigene Grenzsteuersatz beträgt.

Als Unternehmer gibt man dem Finanzamt nur jährlich eine Bilanz oder eine Überschussrechnung. Eine Belegprüfung erfolgt oft erst bei einer Betriebsprüfung oder einer internen Prüfung („Bitte reichen Sie folgende Belege ein ..."). Bei

Kleinunternehmen kommen Betriebsprüfungen selten vor (offiziell: alle 7 Jahre, *de facto:* alle 10-15 Jahre). Verlassen kann man sich jedoch nicht darauf.

Wenn keine großen Unregelmäßigkeiten entdeckt werden, so erstreckt sich die Prüfung nur auf die letzten 3 Jahre.

Ergo: Wer nach 7 Jahren die erste Prüfung hat, kann die ersten 4 Jahre ungeprüft davonkommen.

5.2.3. Spitzensteuersatz und Durchschnittsteuersatz

Der Steuersatz sagt, welche Steueranteile ich vom Einkommen bezahlen muss. Dabei muss unterschieden werden zwischen dem **Grenzsteuersatz** und dem **Durchschnittsteuersatz** (mathematisch gesprochen heißt das zwischen Punktsteigung und durchschnittlicher Kurvensteigung).

Beispiel: Verdient ein Alleinstehender (Grundtabelle) im Jahr 100 000 €, so ist er mit dem Durchschnittsteuersatz von ca. 34,1 % = rund 34 000 € belastet. Erhöht sich sein Einkommen um 10 000 €, so zahlt er darauf den Grenzsteuersatz von ca. 42,0 %, mithin 4 200 €. Der Katzenjammer der Reichen scheint berechtigt. Im Durchschnitt zahlt er auf sein gesamtes Einkommen von 110 000 € ca. 34,8 % = 38 286 € Einkommensteuer.

Umgekehrt: Bietet man ihm eine Möglichkeit, eine Verlustzuweisung von 10 000 € zu erhalten, so spart er eben diese 4 200 €. Ein weniger Verdienender spart entsprechend weniger Steuern, weil sein Kurvenabschnitt flacher verläuft.

Aber für irgendwelchen Unfug, sprich für

Dinge, von denen sie nichts haben, geben Unternehmer normalerweise nichts aus.

Um zu sehen, mit welchem Durchschnittsteuersatz und welchem Grenzsteuersatz sein Einkommen belastet ist, kauft man am besten eine Steuertabelle mit Grenz- und Durchschnittsteuersatz oder sogar mit einer Steuerkurve. Der Grenzsteuersatz endet bei 42 % (ab 55 000 € Einkommen). Mehr als 42 % vom Zusatzeinkommen wird also in keinem Fall abgezogen. Theoretisch! Denn: Solidaritätszuschlag (obligatorisch) und Kirchensteuer (freiwillig) setzen sich noch oben drauf, so dass faktisch 48 % belastet werden.

5.2.4. Ehegattensplitting

Bei Verheirateten kann deren Einkommen addiert und durch zwei geteilt werden.

Jedes der beiden (jetzt rechnerisch gleichen) Einkommen ist zu versteuern.

Durch die Progressionsmilderung ist das meist günstig, da häufig einer der beiden Partner mehr verdient und einer hohen Steuerprogression unterläge. Die Steuerersparnis ist umso größer, je traditioneller die Rollenteilung ist.

Beispiel: Ein ITler verdient 120 000 € im Jahr. Er beschließt zu heiraten und ermöglicht der ehemaligen Chefsekretärin die Rolle der Hausfrau und Mutter. Sein Vorteil:

> 120 000 € (Einkommen) ITler
> + 0 € (Einkommen) Frau
> = 120 000 € zu versteuerndes Einkommen
> ÷ 2 = 60 000 €

Sie zahlen zusammen 34 000 € Einkommensteuer. Der Steuersatz (Durchschnitt) ist auf 28,8 % (vorher 34,8 %) gesunken. Die Heirat erspart ihm rund 8 000 € an Einkommensteuer.

Je ähnlicher die Einkommen der Ehepartner sind, desto geringer wird der Steuervorteil durch die Heirat, weshalb Angehörige der neuen Mittelschicht, die beide berufstätig sind und gleiches Einkommen haben, aus Steuergründen kaum heiraten werden. Eine Einschränkung des Ehegattensplittings – zumindest für Kinderlose – ist geplant.

Beispiel:
Wir haben 2006 ein Unternehmen gegründet und damit Verluste in Höhe von 100 000 € erwirtschaftet. Aus anderen Einkommensquellen haben wir positive Einkünfte von 30 000 €. Mithin sind 2006 70 000 € Verlust entstanden.

5.2.5. Verlustvortrag, Verlustrücktrag

Verluste können gegen positive Einkünfte im gleichen Jahr verrechnet werden. Danach verbleibende Verluste werden zunächst mit Überschüssen des letzten Jahres verrechnet; dann immer noch verbleibende Verluste verrechnet man mit den Einkünften der folgenden Jahre.

Das ist insbesondere für Gründer relevant, da bei ihnen oft so genannte Anlaufverluste entstehen; sie können wegen des Verlustrücktrags zu nachträglichen Steuererstattungen aus dem Vorjahr führen. Diese sind umso höher, je mehr man im letzten Jahr vor der Gründung verdient hat. Schlecht daher, zunächst ein Jahr arbeitslos zu sein, und dann erst zu gründen.

Die Reihenfolge der Verlustverrechnung ist vorgeschrieben. Haben wir in 2005 keine positiven Einnahmen, so wandern die 70 000 € Verlust nach 2007 usw. **Also:** Ein Jahr Rücktrag, dann Vortrag bis zur vollständigen Verrechnung mit positiven Einkünften.

5.3. Gewerbesteuer

Gewerbesteuerpflichtig sind nur Gewerbetreibende, nicht jedoch Freiberufler.

Gewerbesteuer wird auf den Ertrag des Unternehmens erhoben. Der Ertrag bemisst sich aus dem **Gewinn zuzüglich 25 % aller Fremdkapitalzinsen und Finanzierungsanteile** von Mieten, Pachten, Leasingraten und Lizenzen.

Den Steuersatz, mit dem der Ertrag zu versteuern ist, nennt man **Steuermesszahl.** Sie wird vom Bund bestimmt und beträgt ab 2008 3,5 %.

Auf den so ermittelten Steuermessbetrag wird ein kommunaler Hebesatz aufgeschlagen, der von der jeweiligen Gemeinde bestimmt wird, in der der Gewerbebetrieb siedelt. Das ergibt dann die Gewerbesteuer.

Gemeinden nehmen Hebesätze zwischen 100 und 500 %. Wenn sie keinen weiteren Gewerbezuzug wünschen (z. B. Großstädte, noble Fremdenverkehrsorte), nehmen sie hohe Hebesätze. Wenn Gemeinden Gewerbeansiedlung fördern wollen (dynamische Kleinstädte, strukturschwache Gebiete), nehmen sie niedrige Hebesätze, um Unternehmen anzulocken.

Die Gewerbesteuer ist ab 2008 keine abziehbare Betriebsausgabe mehr, d. h., sie mindert das zu versteuernde Einkommen und daher die Einkommensteuer oder die Körperschaftsteuer nicht.

Da jedoch zukünftig das 3,8fache des Steuermessbetrags von der Einkommensteuer abgezogen werden kann, haben Gewerbebetriebe in Kommunen, die weniger als 400 % Hebesatz ansetzen, keine Belastung aus der Gewerbesteuer.

Beispiel: Ein Gewerbebetrieb hat 150 000 € Gewinn gemacht. Die Zinsbelastung betrug 40 000 €. Keine sonstigen Finanzierungsanteile. Hebesatz der Gemeinde 420 %.

Gewinn:	150.000 €
+ 25 % der Zinsen:	10.000 €
= **Gewerbeertrag:**	160.000 €

Steuermesszahl 3,5 % des Gewerbeertrags =
Messbetrag   5.600 €
Hebesatz 420 % des Messbetrag =
Gewerbesteuer   23.520 €
Anrechenbar ist das 3,8 fache
des Messbetrags =   21.280 €
Tatsächliche Belastung des
Gewerbebetriebs: 2.240 €

Diese Entlastungen gelten jedoch nicht für die GmbH. Sie kann nichts von der Körperschaftsteuer abziehen, sondern muss die Gewerbesteuer voll bezahlen.

5.4. Körperschaftsteuer

Die Körperschaftsteuer trifft juristische Personen wie die GmbH.

Sie ist quasi die Einkommensteuer der Kapitalgesellschaft und wird von der Gesellschaft erhoben. Die Bemessungsgrundlage ist der Gewinn.

Der Steuersatz ist jedoch von der Höhe des Gewinns unabhängig linear. Der Körperschaftsteuersatz beträgt ab 2008 15 %. Somit ergibt sich, addiert man die Gewerbesteuer mit durchschnittlich rund 14 % (Hebesatz 400 %), eine Gesamtbelastung der GmbH-Gewinne von knapp 30 %.

Soweit in einfacher Fassung die komplizierte Körperschaftsteuer.

Wer sich dadurch von der Rechtsform GmbH abschrecken lässt, handelt vorschnell. Denn letztendlich gibt es über die GmbH positive Möglichkeiten, Steuern zu sparen. So ist z. B. nur in der Kapitalgesellschaft das Geschäftsführergehalt (also beim Gründer der eigene Lohn) als Betriebsausgabe absetzbar.

5.5. Umsatzsteuer (Mehrwertsteuer)

Sie ist die Steuer, die den Unternehmer zwar nichts kostet, ihn aber dennoch schnell ruinieren kann.* Neben der Lohnsteuer macht sie wohl die meiste Arbeit und belastet vor allem die Buchführung. Hier sei nur das Prinzip erklärt.

Die Steuer wird auf den Umsatz berechnet, weshalb sie als Umsatzsteuer bezeichnet wird. Sie ist jedoch eine durchlaufende Steuer, d. h., ein Unternehmer muss beim Kauf Steuern zahlen und erhebt beim Verkauf selbst wiederum Steuern. Er führt die Differenz von dem, was er an Steuern beim Verkauf einnahm (Mehrwertsteuer), und dem, was er beim Kauf ausgab (Vorsteuer), an das Finanzamt ab (Zahllast). Wirklich bezahlt wird die Mehrwertsteuer dann vom letzten in der Kette, dem privaten Endverbraucher, weshalb sie auch als Verbrauchersteuer bezeichnet wird.

Bemessungsgrundlage der Mehrwertsteuer ist

*Verbraucht der Gründer diese Fremdgelder, statt sie zur Seite zu legen, so wird er spätestens bei der nach einem Jahr fälligen Umsatzsteuererklärung zur Kasse gebeten. Aus 200 000 € Jahresumsatz werden bei 19 % Steuersatz immerhin rund 38 000 € Steuerforderung des Finanzamtes. Das kann dann das Ende sein.

der Rechnungsbetrag.* Der Steuersatz beträgt z. Z. 19 %, ein ermäßigter Steuersatz beträgt 7 % (z. B. für Lebensmittel, Bücher).

Von der Mehrwertsteuer befreit sind z. B. Umsätze aus Börsengeschäften, ärztlicher Tätigkeit, im allgemeinen Vermietung und Verpachtung.

Beispiel:

1. Ein Unternehmer kauft einen Pkw für 10 000 € netto und verkauft Waren für 20 000 € netto. Sonst passiert nichts Umsatzsteuerpflichtiges. Der Unternehmer hat also 1 900 € Vorsteuer verauslagt und 3 800 € Mehrwertsteuer von seinen Kunden kassiert.
   Mehrwertsteuer – Vorsteuer = Zahllast:
   3 800 € – 1 900 € = 1 900 €
   Die Zahllast muss er selbst errechnen, dem Finanzamt mitteilen und ans Finanzamt abführen. Außer Arbeit hat die Steuer ihn nichts gekostet.

2. Im folgenden Monat sieht es anders aus. Der Unternehmer kauft für 100 000 € Waren ein und verkauft nur für 20 000 € Waren, vergrößert mithin sein Lager.
   Mehrwertsteuer – Vorsteuer = Zahllast
   3 800 € – 19 000 € = -15 200 €
   Das Prinzip bleibt gleich, nur ist die Zahllast jetzt negativ, was bedeutet, dass das Finanzamt dem Unternehmer 15 200 € erstatten muss.
   Ja, kaum zu glauben. Man bekommt tatsächlich und problemlos Geld vom Staat zurück.

Die **Umsatzsteuervoranmeldungen** sind in der Regel entweder monatlich oder – bei geringer

Zahllast – vierteljährlich abzugeben und dann auch sofort zu zahlen.

Für Gründer gilt in den ersten beiden Jahren die Pflicht, monatliche Umsatzsteuervoranmeldungen abzugeben. Es ist vorgeschrieben, dass diese Voranmeldungen auf elektronischem Weg (ELSTER) erfolgen müssen.

Ähnlich wie bei der Lohnsteuer gibt es für die Umsatzsteuer kaum eine Stundungsmöglichkeit, weil es sich hier um Fremdgelder handelt, bei denen das Unternehmen nur für die Abführung, nicht für die Aufbringung zu sorgen hat. Wer diese Gelder wegen eines Liquiditätsengpasses im Unternehmen verbraucht und nicht termingerecht abführen kann, wird sehr rasch böse Überraschungen erleben.

Neben dem Aufwand hat der Unternehmer noch ein weiteres Problem mit der Umsatzsteuer. Die Steuerpflicht knüpft bei Bilanzierenden nicht an die Bezahlung, sondern an Waren- oder Leistungsübergang an. Verkauft also der Unternehmer für 20 000 € auf Ziel (d. h. auf Kredit), so ist die Steuer fällig, obwohl er nur eine Forderung hat, jedoch noch kein Geld. Zwar wird auch hier die Steuer zurückerstattet, wenn der Gläubiger endgültig nicht zahlt und die Forderung ausgebucht werden muss. Aber die Vorauszahlung schmälert die Liquidität.

Auf Antrag kann die Steuerpflicht jedoch an die Bezahlung (Ist-Besteuerung), statt an die Rechnungsstellung (Soll-Besteuerung) geknüpft werden. Diesen Antrag kann man durch einfaches Ankreuzen auf dem Fragebogen zur steuerlichen Erfassung, den das Finanzamt als Reaktion auf die

Gewerbeanmeldung zuschickt, stellen. Er wird bei bilanzierenden Unternehmen mit weniger als 250 000 € Jahresumsatz im Vorjahr, grundsätzlich bei Freiberuflern und bei Überschussrechnern bewilligt. Ist-Besteuerung bedeutet, erst wenn die Zahlung des Kunden eingegangen ist, wird die Umsatzsteuer fällig. Umgekehrt kann jedoch auch erst Vorsteuer gezogen werden, wenn man selbst seine Rechnungen bezahlt hat.

Kleinstunternehmer sind von der Umsatzsteuer befreit. Voraussetzung: Weniger als 17 500 € Umsatz im Vorjahr und voraussichtlich nicht über 50 000 € Umsatz im laufenden Jahr. Dann kann aber auch keine Vorsteuer gezogen werden aus den Rechnungen, die sie erhalten (§19 UStG). Auf diese Befreiungsregelung kann der Unternehmer verzichten und freiwillig umsatzsteuerpflichtig werden (Option).

6.1. Nur aus Zwang

Den meisten Gründern macht Buchführung keine Freude. Schnell merken sie nämlich, dass nicht Steuererklärungen ihre Zeit fressen, sondern die Ermittlung der Zahlen, also die Buchführung.

Ohne Zwang des Finanzamts würde daher kaum ein Gründer seine Zahlen penibel ordnen. Schwarzarbeiter tun das ja auch nicht.

Doch der externe Zwang heilt weder Unlust noch Angst. Daher wird diese lästige Pflicht schnurstracks an den Steuerberater delegiert.

Schlecht. Denn der stellt im Regelfall zwar das Finanzamt zufrieden, mehr aber auch nicht. Selten nur öffnet er mit den Ergebnissen dem Gründer Augen und Ohren dafür, was in seinem Betrieb wirklich läuft.

Kleinunternehmer unterliegen häufig dem fatalen Irrtum, sie wüssten doch genau, was in ihrem Unternehmen passiert. Weit gefehlt. Wir erleben immer wieder Kleinunternehmer, die ohne Datenkassen, Warengruppen, Kostenkonten arbeiten. Ihre subjektiven Eindrücke täuschen sie fast immer.

Sie wissen nicht wirklich, womit sie ihr Geld verdienen und auch nicht, womit sie ihr Geld verlieren. Alleine die beiden Blicke auf Umsatz und Girokontostand sind nicht mal für einen 1-Mann-Betrieb ausreichend.

Buchführung als Grundlage der Unternehmenssteuerung ist jedoch nur möglich, wenn der Gründer sich selbst damit auseinandersetzt. Dem Steuerberater kann er es nicht überlassen.

6.2. Buchführung à la Steuerberater

Steuerberater buchen natürlich korrekt, aber schematisch. Eigentlich buchen sie ja gar nicht, sondern lassen ihre Steuergehilfinnen buchen.

Beispiel: Bei einer Spedition mit 4 LKWs sinkt der Gewinn deutlich, obwohl der Umsatz nahezu konstant bleibt. Woran liegt das?

Vielleicht am stark gestiegenen Benzinpreis, der nicht über höhere Frachtraten an die Kunden weitergegeben werden konnte?

Die Prüfung war mühsam. Denn die Steuermäuse buchten Benzin unter Kraftfahrzeugkosten, wie bei jedem anderen Kunden auch. Warum nicht unter Wareneinsatz? Dann hätten wir doch monatlich eine einfache Kontrolle, da der Wareneinsatz immer auch prozentual zum Umsatz ausgewiesen wird.

Ein weiteres Beispiel: 12 Monate lang buchen die meisten Steuerbüros die Abschreibung mit Null. 12 Monate lang erhält der Unternehmer daher ein zu hohes „vorläufiges Ergebnis".

Warum nur? Könnte man durch eine monatliche „vorläufige" Abschreibung auf Vorjahresbasis nicht deutlich näher an die Realität kommen?

Die Buchung der Abschreibung beim Abschluss hilft akut wenig, denn den bekommt der Unternehmer ja meistens erst ein Jahr später. Die Moral von der Geschichte ist eine doppelte:

1. Gründer, die aus den betriebswirtschaftlichen Auswertungen des Steuerberaters problemlos Erkenntnisse ziehen wollen, müssen ihn bei Mandatserteilung genauestens instruieren, wie er verbuchen soll.

2. Doch das entfällt regelmäßig, da den Gründern der dazu nötige Durchblick fehlt.

Das häufig schlimme Ergebnis: Blindheit und Taubheit.

6.3. Belege und ihre Prüfung

Ohne Belege sieht man bei der Steuerprüfung schlecht aus. Das Finanzamt wird vieles nicht anerkennen und sagen, es handele sich um „Luftbuchungen". Dann werden Schätzungen vorgenommen, und das Ergebnis übertrifft meist die schlimmsten Befürchtungen. Daher lautet die eiserne Regel:

> **Keine Buchung ohne Beleg**

Besser noch:

> **Keine Zahlung ohne korrekten Beleg**

Belege sind Rechnungen, Quittungen und Auszüge. Sie müssen nach Vorfällen getrennt gesammelt werden und müssen mittlerweile eine Vielzahl von Angaben enthalten, ohne die das Finanzamt zumindest die Vorsteuer nicht ziehen lässt:

1. Name und Anschrift des Verkäufers
2. Unterschrift des Verkäufers
3. Datum
4. Bezeichnung des Gegenstandes
5. Art des Schriftstückes (Rechnung, Quittung)
6. Mehrwertsteuersatz, ab 150 € auch Mehrwertsteuerbetrag

Ohne Belege sieht man bei der Steuerprüfung schlecht aus.

Beispiel:
Bei einer Eingangsrechnung über 200 € fehlt die Rechnungsnummer. Prompt schickt die Steuermaus sie an den Gründer zurück. Wir mögen bitte eine korrekte Rechnung anfordern. Da wir sie jedoch dummerweise schon bezahlt haben und den Rechnungsaussteller kennen (auch ein Gründer), wollen wir uns den Aufwand sparen und bitten die Steuermaus händeringend, sie doch zu verbuchen.

„Das darf ich nicht! Denn wenn das Finanzamt mal prüft und den Vorsteuerabzug nachträglich storniert, dann nehmen Sie uns am Ende noch in die Haftung!!!"
Die Angst des Steuerberaters vor seinem Mandanten führt zu dessen Bevormundung. Also dürfen wir jetzt für die 31,93 € Zeit opfern oder die Rechnung ungebucht lassen.
Übrigens: Die Wahrscheinlichkeit, dass das Finanzamt in einer Betriebsprüfung die Rechnung gefunden und moniert hätte, liegt sicher unter 10 %.
Risiko: 31,93 €, Strafe keine. Aber solche Kosten-Nutzen-Abwägungen sind Steuerfachgehilfinnen fremd.

7. ab 150 € Name des Käufers
8. Umsatzsteueridentifikationsnummer des Verkäufers
9. Rechnungsnummer (fortlaufend)
10. Zeitraum der Lieferung oder Leistung

Die Sammlung der Belege überlässt jeder Steuerberater seinen Mandanten. Seine Gehilfinnen prüfen allerdings auf Vollständigkeit und Richtigkeit. Äußerst penibel. Und dann schreiben sie ellenlange Mängellisten und reichen dutzendfach Belege zurück: „Das kann ich so nicht verbuchen!"

Der Aufwand, den der Gründer damit hat, verdirbt die Laune. Beidseitig.

6.4. Buchen at home?

Vielleicht spart selbst Buchen doch Zeit und Ärger. Und ist auch noch billiger?

Aber es hängt von Art und Umfang der Buchführung ab, ob das noch realistisch ist. Kann der Gründer? Will der Gründer?

Ansonsten jedoch findet er vielleicht für kleines Geld eine Buchhalterin als Teilzeitkraft, die macht, was man ihr sagt, liebevoll unsere Belege sammelt und ordnet, Fehler selbst erkennt und für deren Beseitigung sorgt und die Kontierung wunschgemäß vornimmt.

Die Belege bleiben dann auch im Haus und sind stets greifbar und nie „grad beim Steuerberater".

6.5. Buchführungsarten

6.5.1. Einnahme-Überschuss-Rechnung

Gemäß § 4 Absatz 3 Einkommensteuergesetz dürfen Kleingewerbetreibende, die nicht im Handelsregister eingetragen sind, und Freiberufler ihre Buchführung in der einfachen Form der Überschussrechnung erstellen. Das sieht dann im Ergebnis so aus:

Beispiel:

	Summe der Einnahmen:	100.000 €
–	Summe der Ausgaben:	70.000 €
=	Überschuss:	30.000 €

Gebucht wird jeder Beleg erst, wenn er bezahlt ist. Eine reine Geldrechnung also, ohne Beachtung von Forderungen, Verbindlichkeiten oder Warenbeständen.

Das ist so einfach, dass es jeder mit Hilfe einer Standard-Software (am besten DATEV-kompatibel) selbst machen könnte.

Die Systematik ähnelt dem Haushaltsbuch, nur dass man die Belege aufheben muss.

Leider bringt diese Art der Buchführung auch sehr wenig Erkenntnisgewinn.

Daher empfiehlt es sich, Einnahmen und Ausgaben zumindest sinnvoll aufzugliedern, damit man auf einen Blick sieht, woher die Einnahmen kommen und wohin sie wieder verschwinden.

6.5.2. Doppelte Buchführung

Sie ist die Königsdisziplin des Rechnungswesens. Alle Gewerbebetriebe, die ins Handelsregister eingetragen sind, müssen nach HGB bilanzieren. Und: Alle Gewerbebetriebe, die folgende Betriebsgrößen überschreiten, müssen nach Abgabenordnung (AO) ebenfalls bilanzieren:

Umsatz: über 500.000 €
Gewinn: über 30.000 €

30 000 € sind rasch erreicht, zumal der Unternehmerlohn darin enthalten ist.

Für den nur nach dem Steuerrecht zur Bilanzierung Verpflichteten beginnt die Buchführungspflicht erst durch die Aufforderung des Finanzamtes, und dann für das Folgejahr. Vollkaufleute sind dagegen sofort mit der Vollkaufmannseigenschaft zur ordnungsgemäßen Buchführung verpflichtet.

In der Doppelten Buchführung wird bilanziert, d. h. mit Beständen gearbeitet.

Nicht: Einnahmen – Ausgaben = Überschuss, sondern:

Ordnungsgemäße Buchführung muss einem sachverständigen Dritten innerhalb einer angemessenen Zeit einen Überblick über die Geschäftsvorgänge und die Vermögenslage des Unternehmens vermitteln.

Umsatz – Kosten = Gewinn

heißt das Buchungsprinzip. Damit entfallen viele Zufälligkeiten, die die Überschussrechnung prägen. Und der Erkenntniswert wächst bei kluger Kontierung enorm.

Doppelte Buchführung kennt Gewinn- und Verlust-Rechnung, Bilanz und Inventar.

Jeder Geschäftsvorfall wird doppelt gebucht, der Gewinn doppelt ermittelt und dadurch eine Kontrolle möglich. Sicher hat sich mancher auch schon über Buchhalter lustig gemacht, die eine Differenz von wenigen Cent bis in die tiefe Nacht suchen. Doch die Sache hat ihren Sinn in der Kontrolle.

Die ordnungsgemäße Buchführung muss einem „sachverständigen Dritten innerhalb einer angemessenen Zeit einen Überblick über die Geschäftsvorgänge und die Vermögenslage des Unternehmens vermitteln", führt § 145 AO aus.

Grundanforderungen: Vollständigkeit, Richtigkeit, Zeitgerechtheit, Zeitfolgemäßigkeit, Geordnetheit.

Die nachfolgend dargestellte Form der Doppelten Buchführung ist üblich und als ordnungsgemäß anerkannt, allerdings nicht zwingend.

Am Anfang jedes Jahres steht das Inventar, woraus die Eröffnungsbilanz abgeleitet wird. Diese bildet die Grundlage für die Bestandskonten. Die Erfolgskonten werden ohne Vorläufer eröffnet. Ihr Ergebnis wirkt, über die

Gewinn- und Verlust-Rechnung saldiert, auf das Eigenkapital ein, das dann zusammen mit den übrigen Bestandskonten sich in der Schlussbilanz wiederfindet. Dieser Vorgang wiederholt sich jedes Jahr aufs Neue.

Illustrieren wir am **Beispiel** eines recht öden Geschäftslebens des Maklers G. A. Nove.

1. Inventar

Das Inventar ist die mengen- und wertmäßige Erfassung von Vermögen und Schulden in einem Verzeichnis. Es ist am Schluss des Geschäftsjahres zu erstellen. Die Tätigkeit der sachlichen Erfassung und Aufzeichnung, d. h. das Zählen, Messen oder Wiegen und das Aufschreiben der Ergebnisse, nennt man Inventur.*

*Sichtbar wird das, wenn im Kaufhaus Verkäuferinnen und Verkäufer hektisch rumlaufen und die Kundschaft für einen halben Tag ausgeschlossen wird.

Inventar G. A. Nove, Immobilienmakler

A. Vermögen

1. Anlagevermögen
Gebäude, Turmstraße 5		100 000,–
Geschäftsausstattung		
1 Chefsessel	5 000,–	
2 Büroschreibtische	3 000,–	8 000,–

2. Umlaufvermögen
Forderungen		
H. Müller	500,–	
K. Böhm	4 500,–	5 000,–
Kasse		2 000,–
Bank		
Deutsche Bank		35 000,–
		150 000,–

B. Schulden

1. Hypothek
Deutsche Bank		40 000,–

2. Verbindlichkeiten
Finanzamt	5 000,–	
Möbelhaus Kath	3 000,–	
Weinhändler Panscher	2 000,–	10 000,–
		50 000,–

Vermögen 150 000,– ·/. Schulden 50 000,– = Reinvermögen 100 000,–

Buxtehude, den   **(Unterschrift)**

2. Bestandskonten und Bilanz

Bestandskonten entstammen der Eröffnungsbilanz. Sie machen im Laufe des Geschäftsjahres wertmäßige Veränderungen durch und werden am Jahresende in der Schlussbilanz wieder zusammengefasst. Im neuen Jahr werden sie erneut vorgetragen, d.h., sie gehen nicht unter. Sie sind auch nicht gewinnträchtig, sondern drücken nur aus, wie sich der Wert der Unternehmung zusammensetzt. Wertsteigerungen werden dabei im Normalfall nicht beachtet. Sie bilden die „stillen Reserven". Die Sollseite = Aktiva umfasst die konkrete Form, in der die Unternehmung ihre Werte gespeichert hat. Die Habenseite = Passiva sagt uns, wie diese Werte finanziert wurden.

3. Erfolgskonten und Gewinn- und Verlust-Rechnung

Alle Aufwendungen und Erträge werden auf Erfolgskonten gebucht. Diese heißen Erfolgskonten, weil sie die Erfolge der Unternehmung aufnehmen – die positiven wie die negativen – und am Jahresende über die G. u. V. (Gewinn- und Verlust-Rechnung) und das Eigenkapitalkonto abgeschlossen werden und damit untergehen. Sie haben also keinen Bestand und beginnen im neuen Jahr wieder mit Null. Erkenntniswert aus der Doppelten Buchführung:

1. Überblick über den Stand des Vermögens und der Schulden
2. Daten für Rentabilität und damit für die Kalkulation
3. Geldgebern und Mitgesellschaftern Rechenschaft ablegen

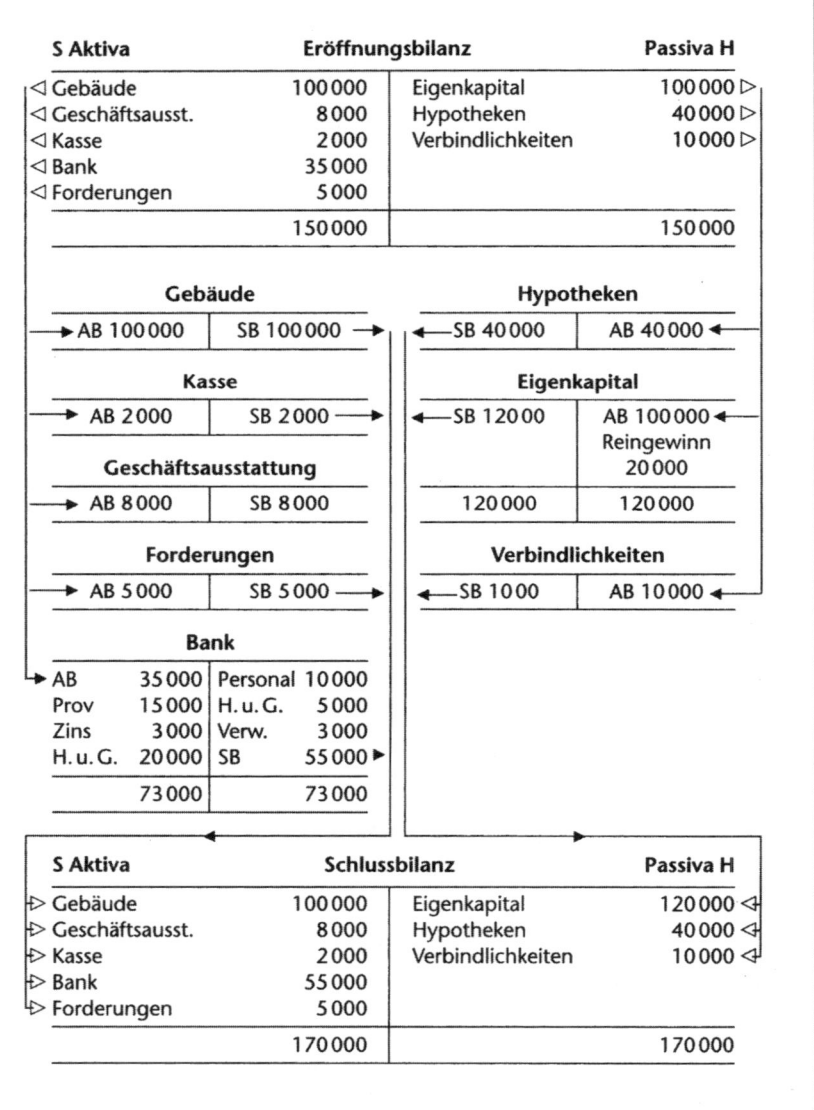

S Aktiva	Eröffnungsbilanz		Passiva H
◁ Gebäude	100 000	Eigenkapital	100 000 ▷
◁ Geschäftsausst.	8 000	Hypotheken	40 000 ▷
◁ Kasse	2 000	Verbindlichkeiten	10 000 ▷
◁ Bank	35 000		
◁ Forderungen	5 000		
	150 000		150 000

Gebäude			Hypotheken	
→ AB 100 000	SB 100 000 →		←SB 40 000	AB 40 000 ←

Kasse			Eigenkapital	
→ AB 2 000	SB 2 000 →		←SB 12 000	AB 100 000 ←
				Reingewinn
Geschäftsausstattung				20 000
→ AB 8 000	SB 8 000		120 000	120 000

Forderungen			Verbindlichkeiten	
→ AB 5 000	SB 5 000 →		←SB 10 00	AB 10 000 ←

Bank			
→ AB	35 000	Personal	10 000
Prov	15 000	H. u. G.	5 000
Zins	3 000	Verw.	3 000
H. u. G.	20 000	SB	55 000 ►
	73 000		73 000

S Aktiva	Schlussbilanz		Passiva H
▷ Gebäude	100 000	Eigenkapital	120 000 ◁
▷ Geschäftsausst.	8 000	Hypotheken	40 000 ◁
▷ Kasse	2 000	Verbindlichkeiten	10 000 ◁
▷ Bank	55 000		
▷ Forderungen	5 000		
	170 000		170 000

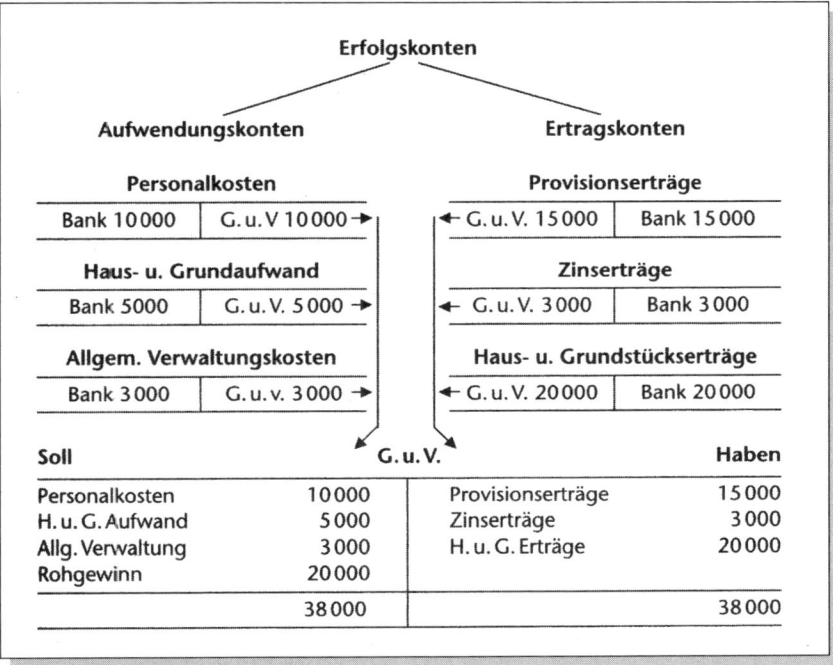

Soll		G. u. V.		Haben
Personalkosten	10 000	Provisionserträge		15 000
H. u. G. Aufwand	5 000	Zinserträge		3 000
Allg. Verwaltung	3 000	H. u. G. Erträge		20 000
Rohgewinn	20 000			
	38 000			38 000

Je mehr die Zahlen jedoch aus Steuergründen zurechtgebogen werden (Schwarzeinnahmen, Reinmauscheln von privaten Ausgaben als Kosten), desto schlechter der Erkenntniswert.

Es treten sogar Zielkonflikte auf: Erkenntnis oder Steuerersparnis. Und auch die Bank wird einer Pizzeria, die kaum Gewinn ausweist, ungern eine neue Filiale finanzieren.

Im Extremfall wird doppelte Buchführung nötig: Eine für den Unternehmer und eine fürs Finanzamt!

Zum krönenden Abschluss: Was also ist Doppelte Buchführung?

Jeder Geschäftsvorfall wird auf zwei Konten verbucht, und der Gewinn ist daher auf zwei Arten (eben doppelt) ermittelbar: Zum einen als Saldo aus der G. u. V. (Rohgewinn 20 000 €), zum anderen aus dem Vergleich des Eigenkapitals am Jahresbeginn in der Eröffnungsbilanz (100 000 €) mit dem Eigenkapital am Jahresende in der Schlussbilanz (120 000 €).

Außer dem Mainzer Bretzelmann kommt letztlich kaum ein Gründer ohne Mitarbeiter aus. Am Anfang liefern häufig Family and Friends (FF) die notwendige Arbeitskraft. Sie wird jedoch nicht als Personal bezeichnet und behandelt und häufig statt mit Geld mit Sachmitteln, Beziehung und Zuneigung belohnt. Soziale oder versicherungsrechtliche Absicherung ist fast nie ein Thema.

In deutschen, aber auch bereits in italienischen Kleinunternehmen funktioniert das jedoch immer seltener, da die wenigen Kinder sich zunehmend dem Familiendruck entziehen. Und auch der Ehepartner geht lieber stressfrei anderswo als Angestellter arbeiten. Dies trifft vor allem Kleinbetriebe in arbeitsintensiven Branchen wie Landwirtschaft und Gastronomie. Stoßen um die billige Arbeitskraft gebrachte deutsche Gastronomen dann auf eine ausländische Konkurrenz, bei der Familiensinn und Familiengröße noch weiter entwickelt sind, so verlieren sie ihre Wettbewerbsfähigkeit. Ein wesentlicher Grund dafür, dass marokkanische Pizzerien, türkische Kebabs und Asia-Imbisse dominieren. Die Preis-Leistungs-Relation ist dort einfach besser, während die „gutbürgerlichen" deutschen Lokale aus Arbeitsmangel und Faulheit hemmungslos auf *convenience* zurückgreifen.

Familie und Freunde spielen aber bei Gründungen stets eine wesentliche Rolle.

Lange wird das allerdings nicht gut gehen. Ist der Gründer erfolgreich, so hat lediglich der Ehepartner über die „Zugewinngemeinschaft" daran materiellen Anteil. Alle anderen bekommen schnell die deutsche Krankheit: Neid. Erfolglose Unternehmer dagegen können ihre Helfer gelegentlich mit der Moral der Armut bis zur gegenseitigen Erschöpfung binden.

Die herkömmliche Literatur warnt davor, die Mitarbeiter vornehmlich aus dem Bekanntenkreis auszuwählen. Der Leitsatz: Keine Geschäfte mit Freunden gilt hier ebenso, wie bei Partnerschaft und Finanzierung.

Wir ergänzen: „Tust du es doch, so sei bei allen Vereinbarungen einfach, klar und kompromisslos. Dokumentiert in schriftlichen Arbeitsverträgen."

7.2. Warum Personal einstellen?

Personal einzustellen ist für viele Unternehmer deshalb nötig, weil sie die Arbeit alleine nicht bewältigen können und FF nicht dauerhaft ausreichend zur Verfügung stehen. Auch die Vorstellung, einfach nur soviele Aufträge anzunehmen, wie man alleine bewältigen kann, erweist sich meist als praxisfremd, denn entweder werden die nötige Mindestgröße und der Mindestumsatz nicht erreicht, oder es ist ganz einfach technisch kaum durchführbar. Ein einzelner Handwerker, der alles alleine machen muss, ist auch selten produktiv.

Beispiel: Zurück zu unserem Saftladen. Allein schon, dass die Inhaberin gelegentlich aufs Klo oder zum Finanzamt muss, über Tag wichtige Besorgungen zu machen hat oder ab und zu krank ist, würde zu unhaltbaren Öffnungszeiten führen.

Das gefährdet die Kundenbeziehung und reduziert den Umsatz. Der Saftladen muss 8-10 Stunden pro Tag geöffnet sein und kennt keine Mittagspause. Auch das Schild an der Tür „Bin gleich wieder da" kann sich höchstens das Schusterlädchen leisten. Hinzu kommt, dass Regelmäßigkeit zu signalisieren gerade für den Gründer eminent wichtig ist, um bei der Kundschaft über Zuverlässigkeit Vertrauen zu gewinnen. Gründe genug also, Personal zu suchen, so man keine Partner hat.*

Und da beginnt das Elend. Schnell wird jeder Gründer erleben, dass in Deutschland die Ansprüche mittlerweile die Leistungsbereitschaft um einiges überragen. Er kann materiell wenig bieten, hat oft keine Erfahrung in Personalführung und macht daher alle Fehler, die er machen kann. Selten bekommt er daher auf Anhieb die Mitarbeiter, die er braucht: Allrounder, die zuverlässig und selbständig arbeiten, ohne dass er alles kontrollieren muss.

Beispiel: Ein Beratungsbüro sucht als Bürokraft auf 20-Stunden-Basis eine Sekretärin.

Die Bewerberin macht einen guten Eindruck: Gutes Abitur, Bürokauffrau bei Opel mit gutem Abschlusszeugnis, Studentin der Germanistik.

Doch die Praxis: Rechtschreibung und Zeichensetzung mangelhaft, Schreibtempo drei Seiten pro Stunde, viele Flüchtigkeitsfehler bei Routinearbeiten, schnelle Kapitulation bei Schwierigkeiten. („Das geht nicht.")

Kurz und schlecht: Abitur und Lehre nützen nichts. Man muss auch auf die Qualität der absolvierten Schule und die Anforderungen des ehemaligen Arbeitgebers achten.

*Auch da gibt es solche und solche. So erzählte mir ein Antikmöbel-Händler, der mit zwei anderen zusammen eine BGB-Gesellschaft gründete, in der er über vertragliche Regelung die absolute Stimmenmehrheit besitzt: „Mensch, da habe ich mir gedacht, Angestellte kommen mich doch viel zu teuer. Als Unternehmer schafft jeder mehr, und wenn es Krach gibt, habe ich die Mehrheit. Außerdem: Kein Ärger mit Sozialversicherung, Berufsgenossenschaft und Arbeitsrecht."

So gering kann der Stundenlohn gar nicht sein, dass die noch lohnt.

Personaleinstellung muss sich lohnen. Grade für den Gründer, denn er hat wenig finanziellen Spielraum. Minimalbedingung ist, dass mit Neueinstellungen der Umsatz steigt und der Gründer Zeit spart. Das wird er nicht, wenn er sein Personal ständig kontrollieren und korrigieren muss. In Großbetrieben oder gar im öffentlichen Dienst ist das anders. Da können viele Non-Profit-Arbeitskräfte überbezahlt lange Jahre überleben.

7.3. Wen einstellen?

Bei der Personalauswahl wird dem Gründer sein Rollenwechsel schlagartig deutlich. Vor kurzem vielleicht noch selbst Bewerber, muss er jetzt Bewerbungsgespräche führen. Das macht er anfangs nicht gerne und nicht gut.

Es kostet ihn Nerven und Kraft.

Gerade weil die Personalauswahl so schwierig ist, greifen viele gerne auf Menschen zurück, die sie bereits kennen (arbeitslose Freunde, Arbeitskollegen, perspektivlose Verwandte).

Sympathie überwiegt bei der Beurteilung. Fachliches wird zurechtgebogen. Hoffnung ersetzt Verstand. Was gänzlich unbeachtet bleibt: Die Einstellung des Bewerbers.

Gründer können nur Giver gebrauchen, keine Taker. Giver sind Menschen, die erstmal zeigen wollen, was sie können, um danach die Hand aufzuhalten. Taker dagegen orientieren sich sofort und gnadenlos an Stundenlohn, Arbeitsbedingungen und Arbeitszeiten. Ihr Standardargument: „Bisher hatte ich schon 15 € Stundenlohn. Warum soll ich jetzt für weniger arbeiten?"

Einstellungen sind eine bürokratisch mühsame und finanziell riskante Sache für Kleinunternehmer. Die Interpretation der Bewerbungsunterlagen ist oft Kaffeesatzleserei. Und das halbstündige Bewerbungsgespräch gibt dem in Personalfragen ungeübten Gründer auch nicht ausreichende Sicherheit. Was also tun?

Eigentlich ganz einfach. Statt dem Bewerber den barrierefreien Zutritt zu verschaffen lieber eine Hürde bauen. Nur wer sie überspringt, wird eingestellt.

Es gibt zahlreiche Arten von Hürden. Wir bevorzugen die kostenlose Probearbeit.

Sarah Wiener, eine von Kerners Köchinnen, hat für ihre Branche erkannt: „Lieber eine Angelernte im Service, die freundlich ist, als eine Gelernte, die den Gästen gegenüber arrogant auftritt. Lieber ein mehr an Freundlichkeit und Dienstleistungsbereitschaft als ein mehr an Wissen und Können."

Auffällig ist auch, dass ehemalige Großbetriebsmitarbeiter (vom öffentlichen Dienst ganz zu schweigen) selten in Kleinbetriebe passen. Sie wurden von den dort herrschenden Systemen zur Unselbständigkeit erzogen, kennen nur Normen, Zuständigkeiten, Regeln und sind daher zu selbständiger Arbeit selten noch geeignet. Auch ihre Ansprüche an Bezahlung und soziale Absicherung sind hoch. Und sie sind ein sehr begrenztes Arbeitsfeld gewohnt. Funktioniert die Bürotechnik nicht, so rufen sie anordnungsgemäß den zuständigen Techniker, denn der Selbstversuch ist weder ihre Aufgabe noch ihre Kompetenz.

Angestellte mit solcher Einstellung machen den Gründer schnell wahnsinnig.

Mitarbeiter aus Kleinbetrieben dagegen kennen die Spielregeln, die auch beim Gründer herrschen, viel besser.

7.4. Wo Personal suchen?

Bei der Personalsuche ist es wie bei der Suche nach einem geeigneten Ehepartner: Je kälter der Weg, desto mühsamer und enttäuschender die Suche. Zeitungsanzeige und eine Suche über das Arbeitsamt sind sehr kalte und oft sehr enttäuschende Wege.

Profigründer zeichnen sich dadurch aus, dass sie genügend Warmkontakte haben, um auf diesem Weg ihr Personal zu finden. Oft haben sie schon eine Namensliste parat, die auch den Kreditbanker überzeugt.

Wer dagegen auf kalte Wege angewiesen ist, der sollte sich zumindest mit der Festanstellung sozialversicherungspflichtiger Mitarbeiter tunlichst zurückhalten.

Die sicherste Art der Personalbeschaffung ist die Abwerbung.* Hat man z. B. als Gast eine fähige Bedienung in der Konkurrenzgaststätte entdeckt, so lässt man vorsichtig sein Interesse an ihrer Arbeitskraft erkennen. Soll die Abwerbung erfolgreich sein, muss die Bedienung entweder auf ihrer bisherigen Arbeitsstelle sehr unzufrieden sein, oder man muss ihr einiges mehr bieten. Meist

*Unlauterer Wettbewerb und somit nicht erlaubt. Verwerfliches sehen wir darin nicht, denn abwerben lässt sich nur, wem es in der bisherigen Stellung reichlich stinkt. Von daher doch eine echte marktwirtschaftliche Chance für die Arbeitskraft, sich individuell zu verbessern!? Scheitern kann so was, weil ein Gründer oft nicht die Sicherheit bieten kann, die Arbeitskräfte schätzen und suchen, kämpft er doch permanent ums ökonomische Überleben.

ist es auch eine Kombination aus beidem. Das Schöne bei Erfolg: Abgeworbene bringen häufig sogar noch Kunden mit.

7.5. Über Subjektivität, Moral und Gesetzestreue

Jeder abhängig Beschäftigte hat das durchaus berechtigte Interesse, möglichst nur mit angenehmen Menschen zusammenzuarbeiten. Doch er kann das nicht bestimmen. Der Unternehmer hat die seltene Chance, dies bestimmen zu können. Warum sie also nicht nutzen? Der Arbeitsproduktivität wird es nutzen.

Ebenso kann der Unternehmer das Lohnangebot bestimmen, vielleicht sogar frei von äußeren Zwängen. Dabei neigen Gründer vor allem dann zur Großzügigkeit, wenn sie wenig Überblick über die eigene ökonomische Situation haben. Auch zuviel Moral schadet hier sehr.

Also zahlt der Gründer dem Beschäftigten zunächst mehr, als er sich leisten kann (und vielleicht sogar als der Beschäftigte leistet) und glaubt, dadurch die Arbeitsmotivation zu stärken. Ein Irrtum. Nur kurzfristig motiviert höheres Gehalt. Sehr schnell wird es zur Selbstverständlichkeit. Dauerhafte Motivation kommt nur aus der Befriedigung, die Arbeit und Arbeitsumfeld schaffen.

Doch diese Großzügigkeit ist von vorübergehender Natur und endet umso schneller, als der Angestellte sich als überbezahlt herausstellt oder die finanzielle Situation des Gründers angespannt wird. Dann kommt nämlich erstmals die typische

Kleinunternehmer-Argumentation: „Ich arbeite von früh bis spät, träume schlecht und trage das Risiko, kann mir keinen Urlaub leisten und komme kaum auf einen Stundenlohn von 7,50 €, während der liebe Angestellte, der sich keine großen Gedanken macht und um halb fünf den Hammer fallen lässt, sogar noch übertariflich bezahlt wird. Und macht der wieder mal Mist, so geht es auf meine Kosten. Beschwere ich mich zu sehr, dann wird er prompt krank, und ich kann die Aufträge alleine nicht erfüllen und bekomme Ärger mit den Kunden."

Vom Paulus zum Saulus. Doch Gehaltskürzungen sind im Gegensatz zu Gehaltserhöhungen praktisch nicht möglich.

Aber diese Startprobleme lassen sich für den Gründer einfach nicht wegleugnen.

Kleinkapital muss Nischen suchen, nutzen und rechtzeitig wieder verlassen, wenn die Konkurrenz der Großen, Globalisierung oder Staatsinterventionismus sie zu gefährden drohen. Der entnervenden bis schikanösen Bürokratie des Staates ist der Kleinunternehmer besonders schutzlos ausgesetzt. List und Wendigkeit sind gefordert – immer nah an der Grenze zum Gesetzesbruch. Dazu braucht es Personal, das sich kooperativ verhält. Personal, dem es wichtiger ist, wenn der Laden läuft, als dass es peinlich genau auf Tarifvertrag und Arbeiternehmerrechte pocht. Und das nicht nur bei der Frage wechselseitiger Steuerentlastung.

Wer dagegen naiv glaubt, sich als Kleinunternehmer seine individuelle Idylle schaffen zu können, der darf nicht den Angestellten die Schuld geben, wenn ihn die Gesetze des Marktes strafen.

Am erfreulichsten daher, wenn man Personal findet, dass unternehmerisch denkt. Menschen die eigentlich selber gerne gründen würden, aber dann doch zuwenig Geld und zuviel Angst haben.

Doch von Angestellten Risikobereitschaft und kleinunternehmerischen Einsatz zu verlangen, ist letztendlich schon arg vermessen.

7.6. Festangestellte oder Teilzeitkräfte?

7.6.1. Festangestellte als Risiko

Für Betriebe unter 10 Beschäftigten gilt das Kündigungsschutzgesetz nicht. Aber abgesehen davon, dass die Arbeitsgerichte diese Regelung gelegentlich durch ihre Urteile aufweichen, halten wir die feste Einstellung von Mitarbeitern im Regelfall für zu teuer und zu risikoreich für Gründer.

Außer den hohen Nebenkosten durch Sozialversicherung, Urlaubsanspruch und Lohnfortzahlung, den Gefahren aus dem Arbeitsrecht und dem bürokratischen Aufwand für korrekte Meldungen und Verwaltung, sehen wir noch zwei weitere Risiken:

- **Auslastungsrisiko:** Mal bräuchte man zwei Arbeitskräfte, dann gar keine. Doch diese Flexibilität in der Arbeitszeit lässt sich faktisch nicht durchsetzen.
- **Auswahlrisiko:** Wie schnell ist der Falsche eingestellt und wie aufwendig seine Entlassung. Doch: Jeder Betrieb kann sich nur einen Blindgänger auf zehn Beschäftigte erlauben.

Daher halten wir Festanstellungen nur für Profigründungen geeignet, die zudem in einer Betriebsgröße von mindestens fünf Mitarbeitern starten und ihre Bewerber sehr gut kennen.

7.6.2. 400-€-Regelung und kurzfristig Beschäftigte

Bei diesen Nebenbeschäftigungen sind Risiko und Kosten deutlich geringer. Der Gründer kann so zunächst mal recht gefahrlos lernen, wie es sich anfühlt, Chef zu sein. Zudem kann er sich mehrere Einstellungen leisten, was die Flexibilität erhöht und das Risiko der Fehlauswahl begrenzt.

Teilzeitkräfte bis 400 € monatlich, die so genannten 400-€-Kräfte, sind der besondere Renner. Sie müssen bei der Bundesknappschaftskasse angemeldet werden und sind mit einer pauschalen Abgabe von 30 % belegt. Zwar gibt es auch hier Lohnfortzahlung, Krankheits- und Urlaubsanspruch, Kündigungsfristen. Jedoch läuft das in der Praxis meist ins Leere. Das Abrechnungsverfahren ist relativ einfach.

Viele Kleinunternehmer nutzen diese Regelung als legale Basisbeschäftigung und zahlen darüber hinausgehende Löhne schwarz aus. Recht risikolos, denn bei Kontrollen ist stets die legale Anmeldung vorzeigbar. Doch es ist keineswegs angenehm, im Konfliktfall von Mitarbeitern erpressbar zu sein. Zudem: Nur wer schwarze Einnahmen hat, kann sich auch schwarze Ausgaben leisten. Wir warnen.

Kurzfristige Beschäftigungen sind fast noch attraktiver, jedoch zeitlich eng beschränkt.

Sie dürfen innerhalb eines Kalenderjahres nicht länger als zwei Monate oder fünfzig Tage ausgeübt werden, unabhängig vom Einkommen.

Da sie in ihrem Umfang begrenzt sind, bestehen keine besonderen Kündigungsfristen. Es sind keine Sozialversicherungsabgaben zu leisten. Lohnsteuer muss meist nicht abgeführt werden, da die auf der Lohnsteuerkarte eingetragenen Beträge unter der Abführungsgrenze liegen.

7.6.3. Festangestellte oder Teilzeitkräfte – ein Kostenvergleich mit Einschränkungen

Beschränken wir uns auf die betriebswirtschaftliche Sicht des Problems. Die nackten Zahlen sprechen eine eindeutige Sprache.

Wir vergleichen einen Festangestellten alternativ mit vier lohnsteuerfreien Teilzeitkräften, die gemeinsam eine gleiche Stundenzahl leisten. *(Siehe die Grafik auf der nächsten Seite.)*

Dieses sehr realistische Beispiel zeigt: Teilzeitkräfte kosten uns effektiv rund 13 € pro Stunde (Festangestellte über 18 €) und bekommen mit 10 € pro Stunde trotzdem noch fast 3 € mehr ausgezahlt als Festangestellte.

Weitere Vorteile: Die Stundenzahl ist flexibler nach dem tatsächlichen Arbeitsanfall zu regulieren, was die Produktivität erhöht. Vier Mitarbeiter können sich gegenseitig ersetzen, wenn mal einer ausfällt. Aber sie können sich auch in ihren wechselseitigen Stärken und Schwächen ergänzen.

Einige Argumente sprechen trotzdem gegen die Teilzeitlösung:

- ◼ Teilzeitkräfte sind nur für bestimmte Tätigkeiten und Branchen regelmäßig verfügbar. Spezialisten findet man unter ihnen selten.
- ◼ Häufig sind es Hausfrauen & Mütter, mit sehr festgelegten Zeitvorstellungen.

Festangestellte					Teilzeitkräfte				
Bruttolohn	2.000,00	€			Brutto = Netto				
./.	199,00	€	9,95 % RV (19,9 %)		4 Teilzeitkräfte à 32,5 Stunden à 10,00 € pro Stunde				
./.	42,00	€	2,1 % ALV (4,2%)		= 130 Stunden				
./.	140,00	€	7,00 % KV (14,0 % durchschnittl.)						
./.	38,00	€	1,9 % Pflegevers.inc. Sonderbeitrag)						
./.	300,00	€	Lohnsteuer (St.-Kl. I)		ausgezahlter Lohn	1.300,00	€		
./.	27,00	€	Kirchensteuer (9 % der LSt)			390,00	€	30% pauschal KV RV Lohn	
./.	16,50	€	Solidarzuschl. 5,5 % der LSt			0,00	€	15% Rentenversicherung	
Netto	1.237,50	€			gesamte Lohnkosten	1.690,00	€		
theoretisch	162,5 Stunden im Monat (37,5 Std./Woche)								
effektiv	130 Stunden im Monat								
Ausgezahlter Stundenlohn				7,20 €	Ausgezahlter Stundenlohn			10,00 €	
Brutto				2.000,00 €					
+ Sozialversicherungsanteil AG				401,00 €					
gesamte Lohnkosten				2.401,00 €					
effektive Lohnkosten pro Stunde				18,45 €	effektive Lohnkosten pro Stunde			13,00 €	

Teilzeitkräfte sind keine Dauerlösung, aber für den Existenzgründer oft der einzig vernünftige Einstieg. Dieses sehr realistische Beispiel zeigt: Teilzeitkräfte kosten uns effektiv rund 13 € pro Stunde (Festangestellte über 18 €) und bekommen mit 10 € pro Stunde trotzdem noch fast 3 € mehr ausgezahlt als Festangestellte.

■ Teilzeitkräfte bedeuten erheblich mehr an organisatorischem Zeitaufwand, da die innerbetriebliche Kommunikation schwieriger wird.

■ Teilzeitkräfte kennen sich oft nicht gut genug aus, da sie zu selten im Betrieb sind und mit den Gedanken häufig schon wieder draußen. Fortbildung lohnt meist nicht und wird auch selten gewünscht.

■ Das Verantwortungsbewusstsein ist oft geringer entwickelt, denn unangenehme Aufgaben, die am Vormittag anfallen, kann man straflos der Nachmittagskollegin überlassen.

■ Durch Teilzeitkräfte im Servicebereich leidet oft die Kundenbeziehung, denn wer am Montag begeistert ein Buch bei Mareike bestellte, der wird beim nächsten Besuch von Gabriele, der Dienstagskraft, jäh ernüchtert.

Teilzeitkräfte sind keine Dauerlösung, aber für

den Existenzgründer oft der einzig vernünftige Einstieg. Erst wenn sich die notwendige Erfahrung im Umgang mit Arbeitskräften entwickelt hat und eine Stabilität von Auslastung und Umsatz gesichert ist, kann die Umstellung auf Festangestellte gewagt werden. Ideal, wenn der Teilzeitkraft die Stelle so gefällt, dass sie zur ersten Vollzeitkraft wird.

7.7. Outsourcing

Bei nicht wenigen Gründern sind schnell soviel Arbeit und Aufträge vorhanden, dass sie mit der Stammbesatzung und dem Maschinenpark nicht mehr bewältigt werden können. Der Gründer denkt an Neueinstellung und Investitionen. Vorschnell.

Denn es gibt eine Alternative: Outsourcing, das heißt auslagern von Tätigkeiten auf andere Unternehmen.

Warum outsourcen? Weil in Deutschland ein Subunternehmer meist billiger und risikoloser arbeitet als ein Angestellter. Das gilt besonders bei nicht stabiler Auftragslage. Auslagern kann daher produktiv sein.

Doch auf wen? Professionelle Helfer (Zeitarbeitsfirmen) haben ihren Preis. Und diese Firmen kochen auch nur mit Wasser und haben beileibe keine besseren Arbeitskräfte, als der Markt hergibt. Daher suchen sich viele Branchen Arbeitskräfte, die „auf eigene Rechnung" arbeiten. Formal sind das Gewerbetreibende, die als Subunternehmer Kleintransporte fahren, Menschen pflegen, Wagen waschen. Doch je stärker die Bindung an einen einzigen Auftraggeber und je enger die Weisungen bezüglich Ort, Zeit und Art der Verrichtung, desto eher liegt eine Scheinselbständigkeit vor, das heißt eine abhängige Beschäftigung, die zur Meidung von Arbeitsrecht und Lohnnebenkosten umetikettiert wurde. Das Risiko liegt beim „Stärkeren": Wird von den Sozialversicherungsträgern oder vor Gericht eines Tages Scheinselbstständigkeit festgestellt, so trifft der Schaden in jedem Fall den Unternehmer.

Beispiel:
So hat ein Bäcker, um eine drohende Pleite abzuwenden, alle seine Verkäuferinnen zu selbständigen Backwarenhändlerinnen gemacht. Nachdem er jedoch eine davon entlassen hatte, lief sie schnurstracks zur Krankenkasse und bat um Überprüfung. Die Kasse kam zu dem Ergebnis: Scheinselbständig. Und bat den Bäcker rückwirkend für vier Jahre (Rest verjährt) um Zahlung der gesamten Sozialversicherungsbeiträge. Von den Arbeitnehmern dürfen maximal drei Monate zurückgefordert werden, und das auch nur, wenn sie bei ihm noch in Lohn und Brot stehen. Somit trieb ihn die Forderung (45% Nachzahlung auf die Rechnungssummen der Scheinselbständigen) endgültig in den Konkurs.

Aber die Vorstellung, man könne problemlos Tätigkeiten auslagern und durch Subunternehmer erledigen lassen (Versuben), ist häufig illusionär. Subunternehmer sind zwar Selbständige und wollen Geld verdienen, das alleine garantiert aber weder Zuverlässigkeit noch Arbeitsqualität. Und alle Schwächen, die sie zeigen, ob im Auftreten beim Kunden oder bei der Arbeitsausführung, fallen unweigerlich auf den Unternehmer zurück. Vor allem dann, wenn die Subs nicht unter eigenem Namen auftreten. Das kann die Kundenbeziehung gefährden.

Treten sie dagegen unter eigenem Namen auf und machen auch noch gute Arbeit, was hindert den Kunden daran, ihnen den nächsten Auftrag direkt zu geben?

Daher ist Outsourcing nur bei Arbeiten risikolos, bei denen der Beauftragte keinen direkten Kontakt zum Kunden braucht: Schreibarbeiten, Programmierung, Vormontage, Lohnfertigung.

Nur Unternehmen, die man sehr gut kennt und denen man traut, sollten direkt zum Kunden dürfen.

Drückt man den Sub zu stark im Preis, dann neigt er erst recht zu oberflächlicher Arbeitsleistung.

Die kurze Leine und eigene Kontrollen sind nötig, sonst merkt der Unternehmer die Probleme erst, wenn es zu spät ist.

7.8. Lohnkosten – Wurzel allen Übels?

„Die Löhne sind zu hoch – und deshalb der Standort Deutschland nicht mehr konkurrenzfähig." So blökt es einem seit Jahren von vielen Seiten entgegen. Konsequenz: Wildes Gefeilsche um eine Stunde mehr Arbeit pro Woche bei nur 0,5 % Lohnerhöhung.

„Zu hoch" braucht immer eine Relation. Meint man zu hoch im Vergleich zu Tschechien, so retten solch heroische Tarifabschlüsse die Lage in den nächsten zehn Jahren noch nicht. Wir setzen jedoch andere Relationen. Unsere These: In Deutschlands Betrieben wird einfach unproduktiv gearbeitet. Die Löhne sind also zu hoch im Verhältnis zur verkaufbaren Leistung. Das gilt quer durch die Bank, liegt aber weniger am Band als am Büro.

Beispiel: Nehmen wir – nicht nur, weil wir mit einer neuen Küche (Mann o Mann) gestraft wurden – exemplarisch das Handwerk als besonders Betroffene (hoher Arbeitsanteil) ins Visier. Eine Gesellenstunde kostet den Kunden nicht unter 35 € (plus MwSt). Der Geselle kostet den Unternehmer pro Stunde rund 20 €. Sein Nettolohn: 13 € pro Stunde.

Beispiel:
Ein Buchhändler gibt einem altehrwürdigen Gebäudereinigungs- unternehmen („seit 1924") den Auftrag, die Schaufensterscheiben zu putzen. Doch von der Würdigkeit steht nur noch die Fassade. Mehrfacher Eigentümerwechsel und Personalprobleme haben die Geschäftführung auf die Idee gebracht, die Kleinaufträge an Subunternehmer weiterzureichen und eine möglichst üppige Marge zu ziehen. Die Fenster wurden dadurch nicht sauberer und der Buchhändler kündigte schnell den Auftrag.

Das daraus erwachsende Problem liegt auf der Hand: Der Geselle arbeitet lieber für 15 € schwarz, als für seinen Chef Überstunden zu leisten. Und der Kunde zahlt ihm die 15 € dankbar, zumal der weiße Geselle weder besser arbeitet noch schneller kommt, jedoch samt Mehrwertsteuer rund 2,8 mal soviel kostet.

Doch weshalb hat der Handwerksmeister Probleme, wo doch der Geselle 35 € bringt und nur 20 € kostet?

Das Schlüsselwort heißt Produktivität.

Der Geselle arbeitet zwar 38 Stunden pro Woche Regelarbeitszeit, zieht man aber Urlaub und Krankheit sowie Feiertagsausfall ab, so bleiben bestenfalls 31 Stunden übrig. Selbst bei Vollbeschäftigung schafft es der Handwerksmeister im Vor-Ort-Einsatz jedoch nicht annähernd, die geleisteten 31 Stunden auch zu Geld zu machen.

Beispiel: Eine Elektroingenieurin erzählt: „Um 7.00 Uhr ist offizieller Arbeitsbeginn. Die ersten warten auf die letzten, während die Kaffeemaschine brodelt. Um 7.30 Uhr dann die Einsatzbesprechung. Wer ist gekommen, wer krank? Wer fährt wohin? Dann wird das Material gesucht und geladen. Mittlerweile herrscht Hektik. Lieferanten und Architekten stören um diese Zeit am liebsten, denn nur da sind wir regelmäßig erreichbar. Um 8.15 Uhr fährt der erste Wagen vom Hof: mitten hinein in die Rush-hour. 8.45 Uhr beim Kunden, der seit 7.30 Uhr auf uns wartet. Es reicht gerade noch zum Ausladen, denn Punkt 9.00 Uhr fallen Hammer und Schraubenzieher. Die Frühstückspause ist den Handwerkern heilig. Der Eindruck beim Kunden ist natürlich verheerend: 75 Minuten zu spät, 15 Minuten Auspacken, Pause. Der Kunde beschließt, das nicht zu zahlen und alles eifrig zu notieren, in Vorbereitung auf die zu erwartende Rechnung."

Kürzen wir ab. Natürlich fehlt vor Ort benötigtes Material, das nachträglich geholt werden muss. Wo es ein bestücktes Werkzeugfahrzeug gibt, wird es schneller geplündert als nach bestückt. Natürlich ist die Mittagspause überzogen, und natürlich bauen die Lehrlinge Mist, während der Meister bei einem Neukunden aufmessen muss. Mängelrügen, Nachbesserungen, innerbetriebliche Konflikte folgen später, fehlen nie.

Übertreibungen?

Wir als Berater sind froh, wenn unsere Betriebe 50 % der gekauften Arbeitszeit auch verkaufen können (und dann sogar noch bezahlt bekommen). Wenn ich jedoch von zwei gekauften Stunden zu je 20 € nur jeweils eine Stunde für 35 € verkaufen kann, dann verdiene ich am Gesellen nichts. Bleibt die Hoffnung auf Übervorteilung eines dummen Kunden durch überzogene Zeitabrechnung und auf den Aufschlag beim eingesetzten Material. Also: lieber Heizkessel als Steckdosen montieren.

Die Folge: Heute specken 15-Mann-Betriebe ab auf fünf Mann. Der Chef führt die Kolonne wieder vor Ort. Jedoch: Anrufbeantworter und Chaos beherrschen mittlerweile das Büro. Was vor Ort gewonnen wird, geht im Back Office verloren. Auftragserteilung wird den Neukunden schwer gemacht. An größere Aufträge kommen sie nicht mehr ran. Und Kleinaufträge werden von dankbaren Privatkunden oft zwar bar und teils schwarz bezahlt, gelten aber als extrem unproduktiv, wenn sie von Angestellten ausgeführt werden.

Das Problem liegt also nicht an einem Euro Stundenlohn mehr oder weniger, sondern an der schlecht vermarkteten Arbeitskraft. Planlosigkeit und Ahnungslosigkeit der Handwerksmeister sind der Hauptgrund. Überall lösen wir mit unserer Frage, ob es eine funktionierende Arbeitszeiterfassung gibt, nur Staunen aus. Und wo es sie gibt, dient sie nur der Arbeitszeitkontrolle und der Rechnungsstellung, nie der Produktivitätsmessung.

Aber viel Desinteresse und Unfähigkeit der Gesellen ist die Kehrseite der Medaille. Wer etwas leisten will und Ehrgeiz hat, der bleibt nur kurz Geselle und sucht sich rasch eine angenehmere Stelle bei der Fraport oder hält sich tagsüber fit für den Einsatz nach Feierabend am eigenen oder fremden Haus.

Ein guter Heimwerker ist heute einem durchschnittlichen Gesellen hoch überlegen.

Denn: Nur wer für sich selbst plant, achtet noch darauf, dass die Steckdose an sinnvoller Stelle sitzt. Der Geselle dagegen montiert ohne Risiko von Kopfschmerzen. Es ist im Handwerk wie fast überall. Die einen machen die Fehler, die anderen baden sie aus. Und solange das so ist, leidet die Produktivität und damit der Standort Deutschland. Fehler sind menschlich – nur, dass der Geschädigte sich fast noch für seine Beschwerde entschuldigen und dann endlos auf Nachbesserung warten muss, das ist unmenschlich.

Doch diese Fehler sieht der traditionelle Kleinunternehmer nicht. Meist verbrüdern sich Meister und Geselle gegen den gemeinsamen Feind, den unverschämten Kunden, der kaum noch widerspruchslos zahlt und für seine 35 € pro Stunde ordentliche Leistung fordert. Gute Chancen für sensiblere Gründer.

8. VERSICHERUNGS-UNWESEN

8.1. Das Sichere ist nicht sicher

Schrieb einst Berthold Brecht. Eine doppelte Lehre für Gründer:

- Wer sich selbständig macht, hat deutlich mehr Risiken als seine Mitmenschen. Nur ein kleiner Teil der Risiken lässt sich versichern.
- Die staatliche Sozialversicherung ist nicht sicher, sondern Spielball von Kassenlage und Politik. Daraus bestimmen sich Prämie und Leistung, beeinflusst nur durch Wählerstimmen.

Gründer, die sich allzu eifrig um Versicherungen kümmern, sind uns suspekt.

Wir mutmaßen zuviel Angst oder zuviel Naivität. Beides schlecht fürs Geschäft.

8.2. Neue Freiheit

Mit wenigen Ausnahmen („Besonders schutzwürdige Personengruppen" wie Handwerker, Künstler und Hebammen) kann ein Gründer auf jegliche persönliche Absicherung verzichten. Er darf also nicht nur dem Zwangssystem der staatlichen Sozialversicherung den Rücken kehren, sondern braucht auch keine Privatversicherung als Ersatz zu wählen.

Eine herrliche Freiheit. Und doch macht die Vorstellung vielen Lesern Angst. Stimmt's? Keine Versicherung heißt keine Versicherungsprämie. Das gesparte Geld kann voll ins Geschäft gesteckt werden. Und an seinen Erfolg glaubt doch jeder Gründer. Oder?

Doch wir wollen wahrlich nicht zum Vabanquespiel raten. Es gibt persönliche Risiken, die einfach abgedeckt werden müssen, weil sie erheblich und unvorhersehbar sind: Krankheit und Berufsunfähigkeit. Das Alter dagegen ist keineswegs unvorhersehbar.

8.3. Wie rette ich meine Rente?

8.3.1. Kein Thema für den Start

Der Vollblut-Unternehmer hat eine klare Antwort zum Thema Altersversorgung: „Ich baue ein Unternehmen auf, dass profitträchtig und werthaltig ist."

Doch auch alle, die kleinere Brötchen backen, müssen wissen: Eine ordentliche Altersversorgung aufzubauen kostet mehr Geld, als das Geschäft in den ersten Jahren abwirft (wir behaupten: 1 000 € im Monat).

Und Schulden machen für die Altersversorgung ist doch recht albern. Daher halten wir es nicht nur für vertretbar, sondern auch für geboten, einige Jahre mit der Altersvorsorge auszusetzen und stattdessen das Eigenkapital des Betriebes zu stärken oder die Schulden schneller zu tilgen.

Wer jung ist, kann sich das leisten. Und wer älter ist, müsste es sich durch seine bereits erworbenen Anwartschaften, Ersparnisse oder Wohneigentum ebenfalls leisten können.

Doch wer nichts hat, wird sich die gemeine Frage gefallen lassen müssen, wieso er grade jetzt, unter den erschwerten Bedingungen einer Gründung, mit der Altersvorsorge anfangen will.

Kurz und knackig: Am Anfang an den Gewinn

denken und nicht an die Rente. Gründer sind doch keine Beamten.

8.3.2. Legale und illegale Vorsorge

Sobald das Unternehmen floriert, kann sich jeder Gedanken machen, wie er vorsorgen will: Staatliche Rentenversicherung, Lebensversicherung, Immobilien, Geldanlage. Und wenn es nicht floriert, wird er sich ganz andere Gedanken machen müssen. Besonders Einfallslose bleiben dann tatsächlich an den Lebens- und Rentenversicherungen hängen. Dafür gibt es Ratgeber, Preisbörsen, Makler und viele Vertreter.

Jedoch ein dezenter Hinweis: Wer Bankkredite braucht, ist in seiner Wahl häufig nicht so ganz frei. Er wird einige Versicherungen über die Bank abschließen müssen, um seine Attraktivität zu erhöhen.

Natürlich gibt es auch die illegale Variante. Skrupellos zog Karin, Teilnehmerin eines unserer Gründungskurse, aus Norbert Blüms Worten („Wer lebt denn heute schon allein von der Rente?") ihre Konsequenzen. Sie rechnet beim Wein nüchtern vor:

„Wenn ich, um später einmal 1 000 € Rente im Monat zu bekommen, 20 Jahre lang rund 1 000 € im Monat einzahlen muss, dann macht das für mich keinen Sinn. Soviel bekomme ich von der Sozialhilfe auch. Daneben spare ich lieber die 1 000 € monatlich, statt sie der Sozialversicherung zu geben, und lege sie schwarz an. Bei 3 % Realverzinsung habe ich in 20 Jahren rund 330 000 € auf dem Konto. Und wenn ich die in den folgenden 20 Jahren restlos verbrauchen will, kann ich immerhin 1 800 € im Monat ausgeben. Addiert zu den 1 000 € Sozialhilfe, habe ich dann 2 800 € netto im Monat. Oder wie sehen Sie das?"

Die Moral scheint nicht nur bei den Politikern zum Teufel zu sein. Aber klar muss sein: Wer erwischt wird, ist doppelt dran: Steuerhinterziehung auf alle Fälle, daneben im Pleitefall eventuell Konkursbetrug oder falsche eidesstattliche Versicherung. Das könnte für eine Haftstrafe reichen.

Offizielle und anonyme Anzeigen, oft vom Ex-Partner, sind ein häufiger Grund für die Entdeckung. Will man dies verhindern, so kann Frau auch Mann nicht mehr trauen.

Für Karin kein Problem: „Habe ich doch noch nie!"

Es ist immer eine Typfrage, auf welche Art der Vermögensbildung man sich einlässt. Aber auf alle Fälle ist es ein Irrglaube, zu denken, man bekäme von irgendjemand was geschenkt. Wer mehr Rendite will, der muss höheres Risiko fahren. Wer nur sichere Anlage will, der muss mehr Geld verdienen, um mehr zur Seite legen zu können. Doch was ist eigentlich sicher? Die Lebensversicherung, die 6,5 % versprochen hat und dann gerade mal 3,5 % auszahlt? Der Tipp des Vermögensberaters, der Goldene Berge verspricht und uns günstigstenfalls nur eine dicke Abschlussprovision, schlimmstenfalls jedoch das ganze Vermögen kostet? Die Schrottimmobilien, die der Makler als Kapitalanlage empfiehlt. Oder Aktien, Wertpapiere und Euroanleihen, die die seriös wirkende Anlageberaterin der Bank, die von ihrem Vorgesetzten Druck bekommt, uns wärmstens anrät? Nicht umsonst formulierte Dieter Wedel in

seinem Film „Der Große Bellheim": „Draußen ist
Krieg." Und draußen verlieren nicht nur Zahnärz-
te („Gute Bohrer – schwache Rechner") ihr mühsam verdientes Geld.

8.4. Kranken- und Pflegeversicherung

Auch wenn Unternehmer deutlich seltener krank
sind, als Angestellte des Öffentlichen Dienstes: Jeden kann es treffen, altersunabhängig und mit
nicht bewältigbaren Folgekosten.

Selbständige haben die Freiheit, unversichert
zu bleiben. Die Rückkehr in die gesetzliche Krankenversicherung, wenn sie sie einmal verlassen haben, gelingt jedoch nur über Tricks. Wer jedoch
bisher gesetzlich versichert war, darf dies bleiben.

Wehe denen aber, die sich von den Kopfgeldjä-
gern der privaten Krankenversicherung haben zur
Strecke bringen lassen. Die private Krankenversicherung richtet ihre Prämie nach Alter, Ge-
schlecht, Gesundheitszustand. Das ist für den un-
verheirateten jungen Gründer reizvoll. Günstige
Beiträge locken. Allerdings: Extra kostet extra.
Und auch die Selbstbeteiligung sollte nicht unterschätzt werden. Und wer da glaubt, für diesen Betrag in der Privatklinik jeden Tag mit dem Chef-
arzt plaudern zu können, der fällt auf die Image-
werbung herein. Die suggeriert: Privat ist was für
bessere Leute und schützt vor den Grausamkeiten,
die die gesetzliche Krankenversicherung ihren
Mitgliedern zunehmend antut.

Das ist naiv: Da auch bei den privaten Kran-
kenversicherern die Mitglieder älter werden, kom-

men hier exakt die gleichen Probleme auf die Versicherten zu. Sie werden nur anders gelöst. So erlitten privat versicherte Rentner vor Jahren Beitragserhöhungen, die so gewaltig waren, dass sie sie nicht mehr bezahlen konnten. Die Privatversicherungen hatten nämlich, um junge Menschen mit günstigen Beiträgen zu ködern, zu wenige Rücklagen für den älter werdenden Mitgliederbestand gebildet. Der Staat griff regelnd ein und zwang die Privatversicherungen, den Alten eine Alternative zu bieten. Sie sind nun zum Höchstsatz der gesetzlichen Beiträge in der Privatversicherung geduldet. Edel. Aber: Wer diese Option wählt, der hat nur noch den eingeschränkten Leistungsrahmen der gesetzlichen Kassen zu erwarten. Auf Deutsch: Lebenslänglich das gute Gefühl, privat versichert zu sein und im Alter, wenn die Leistungen verdichtet anfallen, nur noch eine Behandlung wie du und ich!

Aber nicht nur altern, sondern auch heiraten und Kinder kriegen machen die Private schnell teuer. So ist es kein Wunder, dass mittlerweile eine kleine Fluchtwelle einsetzt, in deren Gefolge auch ein Bankdirektor (II. Direktorebene), dessen Frau gerade Drillinge bekommen hatte, verzweifelt nach einem Schleuser suchte. Deutlich gesagt: Eine legale Möglichkeit der Rückführung gibt es praktisch nicht. Wir raten daher zum Verbleib in der gesetzlichen Krankenversicherung als Basissicherung. Die Art der Ersatzkasse ist Geschmackssache. Der neue Gesundheitsfonds mit dem Risikostrukturausgleich wird alle mehr oder weniger gleich machen. Es droht faktisch die staatliche Einheitsversicherung. Gewiss drohen neue Grausamkeiten bei der Leistungseinschränkung. Zähne und Brillen kosten heute schon extra. Daher ist Profitmachen anzuraten, um sich private Zusatzversicherungen leisten zu können.

Die gesetzliche Krankenversicherung richtet ihre Beiträge ausschließlich am Einkommen des Versicherten aus. Und da Gründer jahrelang wenig Gewinn machen, ist die Prämie gar nicht so teuer. So zahlt kaum ein Gründer mehr als den halben Höchstbeitrag (rund 300 € / Monat incl. Pflege). Doch die jährliche Vorlage der Einkommensteuererklärung wird von der Krankenversicherung penetranter gefordert als vom Finanzamt. Ehepartner und Nachwuchs sind mit abgesichert. Da kommt auch Hallo Herr Kaiser in Versuchung.

Doch das Übel aller staatlichen Sozialversicherungen: Man schließt heute zu Konditionen ab, die morgen nicht mehr gelten, kann nicht auf seine Rechte pochen und darf, in der Rentenversicherung als freiwillig Pflichtversicherter, noch nicht mal mehr austreten.

Das System nennt sich Solidargemeinschaft und verwendet auch noch moralische Argumente.

Ob gesetzlich oder privat krankenversichert – alle sind seit 1995 Zwangsmitglied in der Pflegeversicherung.

Der Beitrag der gesetzlich Pflegeversicherten beträgt 1,7 % des Bruttolohnes. Er soll 2008 auf 1,95 % steigen. Kinderlose müssen 0,25 % Aufschlag zahlen.

Bei privat Pflegeversicherten ist die Beitragshöhe individuell verschieden.

Mit der Gesundheitsreform 2006 zwingt die Politik die privaten Krankenversicherungen, jeden, unabhängig von Vorerkrankungen, aufzunehmen. Zum Basistarif. Doch damit droht auch Basisleistung.

Bisher gab es, wie früher bei der Reichsbahn, drei Klassen von Patienten:

1. **Klasse:** Sozialhilfeempfänger mit Behandlungsschein
2. **Klasse:** Privatversicherte
3. **Klasse:** Gesetzlich Versicherte

Doch fortan gilt:

1. **Klasse:** Privatversicherte
2. **Klasse:** Gesetzlich Versicherte
3. **Klasse:** Basistarif Privatversicherte

Die Masse der Sozialhilfeempfänger ist durch Hartz IV abgerutscht auf das Niveau der gesetzlich Krankenversicherten. Eine Grausamkeit.

8.5. Berufsunfähigkeitsversicherung (BUV)

Berufsunfähigkeit kann einschlagen wie der Blitz. Eine Versicherung mildert die finanziellen Folgen bis zur Rente. In der gesetzlichen Rentenversicherung ist diese Absicherungskomponente eingebaut. Aber die Zahlungshöhe ist abhängig von der Höhe der Altersrente und davon nur zwei Drittel. Da kommen nur wenige Betroffene auf 1 000 € im Monat. Außerdem: Dafür in der gesetzlichen Rentenversicherung bleiben? Lebenslänglich als freiwilliges Pflichtmitglied?? Private BUV kann da eine Alternative sein. Es lassen sich Monatsrente und Grad der Berufsunfähigkeit, ab der bezahlt wird, frei wählen.

Es ist anzuraten, eine BUV sofort bei der Gründung abzuschließen.

8.6. Arbeitslosenversicherung für Gründer

Viele Jahre predigten wir: Unternehmer können sich nicht gegen Arbeitslosigkeit versichern. Wäre ja auch grotesk, oder? Doch die glorreiche Koalition machte es seit 2006 möglich. Für kleines Geld (unter 30 €/Monat) kann sich jeder Gründer beim Arbeitsamt versichern (Vorsicht: Ausschlussfrist 4 Wochen!!). Und wenn er dann scheitert, gibt es richtig Geld. Die Höhe des monatlichen Arbeitslosengelds ist in vier Stufen gegliedert, abhängig von der Ausbildung. So bekommen Hilfsarbeiter in der untersten Stufe rund 600 €, während Akademikern in der obersten Stufe rund 1 400 € pro Monat gewährt wird.

Das Arbeitslosengeld beträgt zwischen dem 15-fachen und dem 34-fachen des Monatsbeitrags. Normalerweise bekommt ein Arbeitsloser höchstens das 8-fache.

Nicht verschwiegen werden soll: Wie bei der Rentenversicherung handelt es sich um eine freiwillige Pflichtmitgliedschaft, die für die gesamte Zeit der Selbständigkeit bindet.

Ein doppelter Systemverstoß. Aber wenn schon denn schon. Die Sache ist für Gründer auf jeden Fall lukrativ. Doch der Hintergrund ist bitter: Staatliche Gängelung der Gründer und Unternehmer von allen Seiten bedingt auch umgekehrt jetzt den Gedanken der staatlichen Fürsorge zur Einschränkung des Unternehmerrisikos. Konsequente Einschränkung der Marktwirtschaft also von beiden Seiten.

„Die DDR hat die BRD geschwängert", sagt Ernst Hacker.

8.7. Sachversicherungen

Nicht nur die Werte des Betriebs, sondern auch die Leistungen lassen sich versichern. Was sinnvoll ist und was nicht, hängt vom Einzelfall ab. Ob Haftpflicht, Einbruch, Betriebsunterbrechung, Geräte.

Unser Rat: Nur Risiken versichern, die man nicht selbst tragen kann und nicht solche, die man nicht selbst tragen möchte. Versicherungen verdienen im Regelfall mit jeder Versicherung Geld. Und da, wo Schäden zu häufig oder auch nur zu wahrscheinlich sind, kündigen sie recht schnell den Vertrag oder erhöhen die Auflagen und die Prämien.

Wer für seinen Geschäftswagen eine Teilkasko abschließt, um gegen Glasschäden versichert zu sein, sollte mal nachrechnen, wie oft die Scheibe springen muss, damit sich das lohnt.

9.1. Und der Anwalt hilft sofort ...

Gründer sollten wie Jedermann zusehen, dass sie – wo immer möglich – ohne Anwälte auskommen. Es gibt zwei Fallgruppen, in denen ein Rechtsbeistand vom Gründer gesucht wird: Bei der Vertragsgestaltung und im Streitfall. Eigentlich sind damit zwei völlig unterschiedliche Anwaltstypen gesucht. Typische Anlaufadresse ist jedoch in beiden Fällen der gleiche Rechtsanwalt. Als Auswahlkriterium dominieren Bekanntschaft und unqualifizierte Weiterempfehlung. Und, hat er einmal überzeugt, Vertrauen.

Gerade in Kleinkanzleien trauen sich die Anwälte schier alles zu: von Strafverteidigung bis Vertragsgestaltung, von Scheidung bis Schuldrecht. Die Qualität bleibt dabei natürlich auf der Strecke. Ein Fall wird angenommen, wenn der Streitwert stimmt. Denn er bestimmt den Stundenlohn des Anwalts.

Der Gründer ermöglicht dieses Verhalten. Hat er einmal zu „seinem" Anwalt Vertrauen gefasst, so tritt er mit allen möglichen Rechtsfragen an ihn heran, vielleicht sogar mit steuer- oder betriebswirtschaftlichen Problemen. Die Beziehung hält in der Regel jedoch nur bis zum ersten restlos vergeigten Fall.

Ein erstes Gütekriterium für einen Anwalt ist, wenn er Fälle mit der Begründung abweist, er habe von der Sache keine Ahnung. Selten jedoch empfiehlt er in einem solchen Fall einen kompetenten Kollegen. Anwälte kennen einander nur sehr mäßig, und wo sie sich kennen, trauen sie sich gegenseitig noch weniger zu.

„Aber ein Anwalt hat doch sowieso von nichts Ahnung, ist aber in der Lage, sich in jede Problematik einzuarbeiten", wird der kultivierte Jurist uns erwidern.

Die Richtigkeit dieses Bonmots unterstellt, hegen wir doch Zweifel, ob der stets gestresste Advokat noch Zeit und Lust hat, sich immer neuen Anforderungen zu stellen, die Rechtsprechung zu verfolgen und Kommentierungen zu lesen, nachdem er seine Zulassung erreicht hat und die ersten wilden Jahre vorüber sind. Schon die hoffnungslos veraltete Präsenzbibliothek der Kleinkanzleien lässt den Kenner erschaudern. Kommentare sind halt teuer und lesen sich nicht von selbst. Hat ein Anwalt mal seine Zulassung – er verliert sie kaum noch.

Jedenfalls nie durch veraltetes Wissen.*

Also lieber hin zu den großen Sozietäten in den Städten? Es ist nicht der horrende Stundensatz (ab 300 €), der dagegen spricht. Vielmehr scheint uns der Output der nobel wirkenden und mit Literatur, EDV und repräsentativen Sekretärinnen gut ausgestatteten Großkanzleien auch nicht unbedingt überzeugend. Bei den Mahagoni-Anwälten herrscht strikte Arbeitsteilung: Die Partner und Seniorpartner (an der Kanzlei beteiligte Anwälte) akquirieren, je älter sie werden, zunehmend nur noch Aufträge und gehen mit den besseren Mandanten (Großwild) essen. Selten und nur in wichtigen Fällen bemühen sie sich noch selbst um die Akten. Das erledigen fleißige und stets übernächtigt wirkende Jungjuristen, die in der Hoffnung auf den Aufstieg zum Partner für 50 000 € Anfangsgehalt Tag und Nacht arbeiten. Sie sind auch

Gerade dumme Anwälte leben jedoch in permanenter Angst davor, ihre Zulassung zu verlieren, und teilen dies auch wortreich immer dann den Mandanten mit, wenn sie in ihrer Tätigkeit bis zur Grenze des Vertretbaren gehen sollen. Meist ängstigen sie sich lebenslänglich zu Unrecht. Wir haben einige Fälle verfolgt, in denen die Zulassung wirklich entzogen wurde, und können sagen: Es braucht sehr viel dazu und dauert unendlich lange.

für das Kleinvieh zuständig. Täglich sehen sie bei ihren Vorgesetzten, wie man lebt. Das motiviert.

Den Jungjuristen fehlt die praktische Erfahrung, die eigentlich die Partner beisteuern könnten. Doch die haben meist Besseres vor. Da die Jungjuristen häufig wechseln, ohne je den Golfplatz gesehen zu haben, besteht die Gefahr, dass der kleinere Mandant von mehr oder weniger guten Hochschulabsolventen und damit praktisch von Anfängern vertreten wird.

Ob Klein- oder Großkanzlei, vor einem sollte jeder sich hüten: Dem Krieg der Schriftsätze. 80 % der Anwälte konzentrieren ihre Arbeit darauf, ersparen sich lästige Direktkontakte und lasten so Diktiergerät und Sekretärin aus.

Beispiel: Ein Unternehmer hat Ärger mit seinem Kompagnon, Kunden oder Konkurrenten. Er geht zum Anwalt. Der lässt sich nach dem Sachvortrag eine „anwaltliche Vertretungsvollmacht" unterschreiben, taxiert im Stillen den Streitwert und verfasst einen wuchtigen Schriftsatz, nicht ohne seinen Mandanten kräftig bestärkt zu haben. Ein anwaltliches Schreiben wirkt wie eine Granate. Auch die Gegenseite marschiert jetzt zum Anwalt, und der schießt zurück. Die Stimmung heizt sich auf, Argumente werden nur schriftlich ausgetauscht, es wird bestritten und gefordert, Fristen gesetzt und gedroht. In dieser Phase setzt mit der Kommunikationslosigkeit zwischen den jetzt verfeindeten Parteien eine wachsende Abhängigkeit vom eigenen Anwalt ein. Der wird auch Seelentröster, was ihm gar nicht so recht ist, denn Geschwätz kostet Zeit und erhöht nicht den Streitwert, immerhin aber den Einfluss auf den Mandanten. Das Ganze endet nach einem halben bis einem Jahr vor Gericht. Bis dahin wurden auf beiden Seiten Vorschüsse kassiert, der Klagende muss zudem noch Gerichtskosten vorfinanzieren. Der erste Gerichtstermin ist eine große Enttäuschung, denn wer hätte gedacht, dass sich der brummige Richter so gar nicht für den Fall interessiert, sondern die dicken Schriftsätze, die er höchstens oberflächlich gelesen hat, nur billig vom Tisch haben will. 10 bis maximal 30 Minuten dauert so eine Zivilprozess-Verhandlung, auf die man so lange und ungeduldig gewartet hat. Die Anwälte plustern sich auf und finden mehr oder weniger starke Worte. Die Mandanten spenden nickend Beifall, und der Richter schaut auf die Uhr. Mit einem Blick erkennt er, ob Formfehler vorliegen – seine beste Chance auf einen kurzen Prozess. Ansonsten zweifelt er beide Positionen etwas an, lässt seine Meinungstendenz erkennen und lotet die Vergleichsbereitschaft aus. Bei Widerstand droht er mit einer langen Prozessdauer und teuren Beweiserhebung.

Die Anwälte nehmen jetzt ihre Mandanten zur Seite und beschwichtigen: Zeit, Geld und der Richter dienen plötzlich als Argument für etwas, was von Anfang an eigentlich nie Thema war: Frieden durch Vergleich. Vielleicht braucht es noch eine oder zwei weitere Sitzungen, d.h. ein weiteres Jahr, bis es soweit ist. Seltener als man glaubt, endet jedoch ein Zivilprozess mit einem Urteil.

Wer profitiert vom Vergleich? Die Anwälte natürlich, die dafür jeder zusätzlich eine volle Gebühr kassieren. Völlig zu Recht: Schließlich haben

sie die Wiederherstellung des Rechtsfriedens gefördert. Auch der Richter profitiert, da ihm eine
aufwändige Urteilsbegründung erspart bleibt.
Und die Richter der nächsten Instanz sind zufrieden, denn sie bleiben vor möglichen Berufungen
verschont. Beide Parteien haben im Vergleichsfall
ihre Anwälte selbst zu bezahlen. Die Gerichtskosten werden in aller Regel geteilt.

Anwälte lieben diese Rituale. Kläger und Be-
klagte sollten sie meiden.

Wir plädieren dafür, Anwälte zu suchen, die in
direktem Kontakt und ohne Schriftsatz und Gericht die Verhandlungslösung suchen. Auch außer-
halb ihrer Kanzlei. Das wird nicht nur etwas billiger,* sondern erspart dem Gründer Zeit und Nerven und bringt schnell ein Resultat, das ansonsten
in ein bis zwei Jahren zu erwarten wäre und so lange andere Aktivitäten blockiert. Und: Je schmerz-
loser die Auseinandersetzung, desto besser die
Chance auf geringere Folgeschäden. Anwälte als
Verhandlungstaktiker also – Mediation.

*Uns liegen Beratungsfälle
vor, in denen die
Anwaltskosten in manchem
Jahr 10 % bis 15 % vom
Umsatz ausmachen.

9.2. Der Wirt und sein Hauswirt

Häufig will sich der Hausbesitzer über seine Miete
hinaus am Erfolg des Gewerbemieters beteiligen –
obgleich er selten etwas dafür kann oder tut. „Umsatzbeteiligung" ist die hierfür übliche Vokabel,
weist aber auch gleichzeitig auf ein Problem hin:

Wie den Umsatz kontrollieren?

Jeden Abend die ausgeschenkten Biere in einer
Kneipe mitzuzählen wird den meisten Hauswir-
ten schnell lästig. Aber darf er der Umsatzsteuerer-

klärung des Kneipenwirts trauen? Denn wenn er die Unmoral aufbrächte, das Finanzamt zu betrügen, was sollte ihn dazu veranlassen, den Hausbesitzer besser zu behandeln?

Die Frage beschäftigte uns: Bestochene Bedienungen? Undercover-Agenten in der Küche? Datenaustausch mit Brauerei und Lieferanten? Alles viel zu theoretisch. Bis schließlich ein Rechtsanwalt (!) uns die simple Praxis schilderte: „Die machen das meist ohne schriftliche Verträge. Läuft die Kneipe gut, so lobt der Hausbesitzer den Wirt und hält die Hand mehr oder weniger weit auf. Der Wirt erkennt, wenn er schlau ist, die Zeichen und Druckmittel, die ein Hausbesitzer so hat: Von der exakten Einhaltung der Sperrstunde bei der Gartenbewirtung, über nicht vertraglich gesicherte Außenwerbung, Nutzung von Hof und Keller, Abzugsanlage und Sozialraum, illegale Zimmervermietung an illegale Küchenhilfen und Bedienungen bis hin zu der irgendwann anstehenden Vertragsverlängerung. Also greift er in die Kasse und steckt dem Hausbesitzer zwei oder drei Hunderter ‚Erfolgsbeteiligung‘ zu. Dieser ist hoch erfreut: Geld, das weder das Finanzamt noch seine Frau kontrolliert, hat für ihn doppelten Wert. Das Spiel wiederholt sich mehr oder weniger häufig und sichert dem Wirt kulantes Entgegenkommen bei allen täglichen Problemen.“

Wir widersprechen: „Der Wirt kann die Gelder doch, da ohne Beleg ausgezahlt, nicht als Kosten absetzen, somit muss er sie aus dem versteuerten Gewinn zahlen, was doch unattraktiv für ihn ist!“

Auch diese letzte Ladung geballter Theorie

prallt am Anwalt ab: „Das Geld nimmt er aus einer schwarzen Kasse, d. h., es stammt aus unversteuertem Umsatz. Und die schwarze Kasse füllt er beispielsweise aus dem schwarzen Fass, das ihm entweder die Brauerei als Naturalrabatt gewährt, oder das er sich im Bargeschäft kauft, das also in beiden Fällen nicht über die Bücher läuft. Schwarz ausgeschenkt entziehen sich die Einnahmen daher den Kontrollen des Finanzamtes, füllen schwarze Kassen, aus denen außer dem Hauswirt auch Bedienungen, großzügige Kontrolleure und andere mehr schwarz bezahlt werden können."

Ausnahme oder Realität? Ein Leser dieses Buches schrieb uns: „Das Geschäftsgebaren auf dem Gastronomiesektor ist derart brutalisiert und fern finanzamtlicher Überlegungen, dass die grundlegend richtigen Informationen des Buches absolut nicht mehr ausreichend sind. So ist es allgemeiner Usus, wenigstens 50 % des gesamten Arbeitsaufkommens durch Aushilfekräfte tragen zu lassen. Bei uns waren es 48 ständige, natürlich schwarz bezahlte Aushilfen gegenüber 16 Angestellten!"

Kein Wunder, dass es heutzutage meistens der Zoll und keine Rockerbande ist, die nachts in den Gaststätten Bambule macht.

9.3. Sensibilität im Service

Nein, natürlich glaubt heute keiner mehr, er sei als Kunde König. Aber es zeigt sich in jeder Wirtschaftskrise, dass die Begründungen, mit denen während der Hochkonjunktur Unfreundlichkeiten entschuldigt wurden („Haben es nicht nötig."

– „Keine Zeit." – „Völlig überlastet.") fadenscheinig sind.

Menschen können nicht zwischen freundlich und unfreundlich, zwischen sensibel und unsensibel umschalten, je nach Marktlage. Es ist vorwiegend eine Einstellungsfrage, wie sie sich verhalten. In Deutschland jedoch wird bei der Personalauswahl immer noch viel zuviel Wert gelegt auf Berufserfahrung und Fachkenntnis. Berufserfahrung bedeutet jedoch nur Routine, nicht jedoch die Bereitschaft, dem Kunden zu dienen. Und auch mitnichten gar Lust auf Leistung. So ist es kein Wunder, dass die vom Restaurantkritiker Guide Millau seit Jahren am höchsten bewertete Köchin in Mainz eine Ungelernte ist, die zusammen mit ihrem Mann, einem Architekten, einfach gern kocht.

Die Ausrede, es lohne sich nur bei größeren Kunden, einen großen Aufwand zu betreiben, entpuppt sich als Schutzbehauptung. Kauft ein Kunde mehr als üblich, so erfährt er tatsächlich eine Sonderbehandlung – unter Umständen eine besonders schlechte:

Beispiel: Kurz vor der Mittagspause betritt ein Bauarbeiter unsere Bäckerei. Die Verkäuferinnen sind gerade eifrig dabei, mit Ajax Glasrein die Glastheke anzusprühen. So bleibt der Störer erst mal unbeachtet. Ein gnädiges „Bitteschön?" entlarvt den Bauarbeiter endgültig als Problemfall: „Dreißig Kaffeestückchen", bittet er. Eigentlich müssten jetzt die Verkäuferherzen höher schlagen und die Mienen auftauen. Das ist doch ein nettes Geschäft. Umgekehrt indes: Der Mann stört empfindlich Rhythmus und Routine.

„Wie wollen Sie die denn nehmen? So große Tüten haben wir nicht. Sie haben ja auch nicht vorbestellt."

Dem Mann ist's peinlich: „Geht schon, stecken Sie nur alles in die Tüten." Und so kommt es. Es wird nicht gesteckt, sondern gestopft. Schwarze und weiße Amerikaner kleben multikulturell aneinander, Kirsche presst sich an Aprikose, Puderzucker staubt über Croissants, Schokorollen werden zu Schokofladen platt gepresst. Eine Tüte reißt. Die Verkäuferin kommentiert es deftig, die Kollegin bekräftigt. Geplatzte Tüte wird vereint in neuer Tüte versenkt. Nachdem der Kunde dann noch bei der Rechnungsstellung helfen durfte („Wie viele Schnecken waren das jetzt?") hat er es überstanden. Zum Abschied setzt fast Herzlichkeit ein, als dem armen Mann noch ein „Geht's?" nachgerufen wird, nachdem er voll beladen mühsam die Ausgangstür geöffnet hat.

Kaum ist er weg, sputen sich alle: Tür abschließen, denn wenn noch einer kommt, kostet es Minuten der Mittagspause.

Unser Vorschlag: Entlassen! Zu hart? Reicht nicht eine Ermahnung? Nein! Denn: Der erhobene Zeigefinger wirkt nur so lange, wie er Schatten wirft.

Doch mangelnde Sensibilität herrscht nicht ausnahmsweise, sondern regelmäßig. Gehen wir in eine kleine Konditorei.

Beispiel: Ein Kunde betritt den Laden und wendet sich lustbetont der Tortentheke zu. Viel zu früh kommt das „Bitteschön", was wie „Auf jetzt!" klingt. Ein leichtes Lächeln wäre die anmutige Alternative. Der Kunde verharrt noch zögernd in seiner Lustphase und beginnt – Zeit schindend – gedehnt zu sprechen: „Zwei Stücke ... Erdbeerbiskuit." Was passiert? Nein, die Verkäuferin gibt ihm keine Zeit, indem sie erst mal den Erdbeerbiskuit schneidet, sondern holt den Lustkäufer mit einer beinharten Routinefrage endgültig in die Realität zurück: „Wie viele Stücke insgesamt?"

Ja, Herrgott. Wie viele will ich denn? Wie viele brauch ich? „Fünf."

Jetzt ist der Kunde festgelegt. Wehe er hält sich nicht an seine voreilige Vorgabe. Die emotionale Phase wurde abgebrochen. Jetzt geht es nur noch darum, welche fünf Stücke bzw. welche drei, denn die zwei Erdbeerbiskuit sind ja schon gewählt.

Der Kunde wurde in einer für den Verkauf optimalen Phase angetroffen. Er hätte sicher mehr gekauft und erst später gezählt. Bewahrt davor hat ihn die Verkäuferin. Verkehrte Welt. Und wofür das alles? Um von Anfang an und endgültig die richtige Pappdeckelgröße festlegen zu können, denn schließlich kostet der große Deckel vier Cent mehr!

Ein letztes Beispiel aus der Welt der Service-Sensibilität.

Beispiel: Stefanie gehört zu der bedauernswerten Minderheit von Deutschen, die die Wurst sehr dünn geschnitten lieber mögen. Gleichgültig, ob Wurstverkäuferin oder Metzgermeister, Supermarkttheke oder Metzgerei, ob Mortadella oder teuerste Salami: Stets wird dieses Ansinnen als Zumutung oder gar Schikane empfunden. Mittlerweile kennt sie ihre Pappenheimer und verlangt stets die erste geschnittene Scheibe zu sehen. Sie gilt seitdem als Problemkunde. Außer missbilligenden Reaktionen erntet sie Kommentare von „So dünn schmeckt nicht" über „Die fällt ja auseinander!" bis „Sind Sie so arm?"

Dank Großhandelsausweis kauft sie jetzt 30 % billiger, italienische Qualität, dünn geschnitten und vakuumverpackt. Sie trifft im Großhandel häufiger unseren Metzger – beim Wursteinkauf.

Fazit: In einem Land, in dem es bereits Schwierigkeiten macht, die Wurst dünn geschnitten zu bekommen, herrscht wirklich Servicewüste. Und wenn ein Metzger schon im Großhandel kauft, dann sollte er doch wirklich wenigstens beim Verkauf einen Rest an Leistung zeigen. Sonst geht es ihm wie mittlerweile den meisten Metzgern: Er geht unter.

Was heißt das für Gründer?

Die meisten Arbeitskräfte im Servicebereich sind Fehlbesetzungen. Nur wem das selbst auffällt und missfällt, der wird bereit sein, es anders zu machen. Zumindest im eigenen Umfeld. Frauen scheinen uns dazu eher bereit als Männer, jüngere Menschen stärker als ältere. Der Erfolg von Schulungsmaßnahmen ist immer dann dürftig, wenn die Einstellung nicht stimmt. Und Einstellungen ändert man nicht in wenigen Tagen – höchstens die Masken. Damit bekommt aber auch die Personalauswahl einen neuen Schwerpunkt: Nicht gelernte Buchhändler, die in elitärer Manier Kunden entweder belehren wollen oder Unbelehrbare missachten, sondern fröhliche und freundliche Menschen, die selbst gerne lesen und Menschen mögen, genießen bei unserer Auswahl Priorität. Und was in dem nicht gerade einfachen Verkaufsbereich Buch möglich ist, müsste bei Bäcker, Metzger, Restaurantbedienung erst recht möglich sein. So zogen wir in einer Bäckerei die 26jährige Italienerin vor: mittelmäßiger Schulabschluss, Lehre geschmissen, aber absolute Kundenorientierung. Personalauswahl also nach Persönlichkeit statt nach Ausbildung, Ignorieren von Zeugnissen, die nicht bewerten können, was sie nicht prüfen: Sensibilität, Freundlichkeit und Servicebewusstsein. Man suche Servicekräfte, die es schaffen, dass der Kunde fröhlicher aus dem Laden herausgeht, als er hineingegangen ist. Dazu braucht es oft nur Augen-Blicke. Die Kunden sind da nicht verwöhnt. Fröhliche Menschen allerdings halten sich nur in gutem Betriebsklima. Das mag regelmäßig auch der kleinkarierte Chef versauen.

Wer das beachtet, hat heute als Newcomer Chancen, Etablierten die Kunden abzujagen.

9.4. Franchise – Gründung mit Erfolgsgarantie?

Man kauft Konzept und Namen, zahlt dafür Einstiegsgebühr und laufend Umsatzprovision und bezieht meist die komplette Ware vom Franchisegeber. So einfach lässt sich Franchise erklären. Es ist die halbe Selbständigkeit, denn viele Entscheidungen werden dem Gründer abgenommen. Eine Ideallösung für bestimmte Gründertypen.

Aber Vorsicht: Nicht alle Franchisesysteme haben die Bekanntheit und damit die Lizenz zum Gelddrucken wie McDonald. Auf der Frankfurter Franchisemesse beispielsweise kennen wir von

Fremde Marken aufzubauen und dafür noch Einstiegsgebühr und Bindung zu akzeptieren, ist nicht sonderlich sinnvoll.

weit über der Hälfte der angebotenen Franchisesysteme nicht einmal den Namen. Gängige Praxis
ist es heute, ein oder zwei Vorzeigeprojekte hoch-
zuziehen und dann die weitere Expansion über
Franchisenehmer abzuwickeln. Eine risikolose Art
des Unternehmensaufbaus. Aber welchen Vorteil
bietet es dem Gründer, in ein Franchisesystem einzusteigen, das er seinen Kunden vor Ort selbst erst
noch bekannt machen muss? Fremde Marken auf-

Ohne Kapital wird kein zubauen und dafür noch Einstiegsgebühr und
Franchisenehmer akzeptiert. Bindung zu akzeptieren, ist nicht sonderlich sinn-
Und das ist mit der Pleite des voll. Wir halten daher Franchise nur dann für prü-
Franchisegebers futsch. fungswürdig, wenn es um ausreichend bekannte
Systeme geht. Fachleute halten Franchisesysteme
in Deutschland erst ab 50 Franchisenehmern
dauerhaft für überlebensfähig. Das Risiko bei
neuen Franchisesystemen besteht daher nicht nur
darin, alle Anfängerfehler hautnah miterleben zu
dürfen. Es ist auch gar nicht so selten, dass ein System scheitert und der Gründer dann alleine im
Wald steht.

Denn ohne Kapital wird kein Franchisenehm-
mer akzeptiert. Und das ist mit der Pleite des Franchisegebers futsch.

Ich gründe und bin geeignet, weil ich

○ **Steuern sparen will**
Die Zielsetzung ist zu einseitig und impliziert Erfolglosigkeit (= Verlust) oder Steuerhinterziehung (= Betrug).

○ **einen Großhandelsausweis will**
Warum nicht. Aber nicht nachträglich auf dumme Gedanken kommen.

○ **mich sehr ausführlich mit Versicherungen beschäftigte**
Unternehmerrisiko lässt sich nicht versichern. Wer zuviel an Absicherung denkt, der ist beim Staat oder als Manager der Großindustrie besser aufgehoben. Denn permanente Unsicherheit ist gerade das Prägende für Gründer und Kleinkapital.

○ **die Meinung meines Partners beachte**
Frauen sagen fast immer „Nein", in welcher Tonlage auch immer. **Männer** dagegen können die Fähigkeiten ihrer Frauen noch schlechter einschätzen und lassen sich bei ihrem Votum von sachfremden Erwägungen leiten. Schlechte Ratgeber also.

○ **im Kontakt mit fremden Menschen Probleme habe**
Bleibt nur Versandhändler oder Automatenaufsteller.

○ **dieses Buch in einer Bücherei geliehen habe**
Wer so was tut, denkt kleinkariert und knick-rig. Er hängt am Kleingeld und opfert dafür leichtfertig teure Zeit. Die jetzt einsetzenden Rechtfertigungen offenbaren nur weitere Ver-klemmungen. Höchstens als Buchhändler oder nebenberuflicher Gründer geeignet. Trotz-dem: Viel Spaß beim Lesen.

○ **dieses Buch geklaut habe**
Nur Desperados oder Kleptomanen gehen für 20 € solche Risiken ein: Als Unternehmer zu stark in Versuchung.

○ **der Langeweile entgehen will**
Wer außer im Altersheim und Knast Lange-weile hat, ist ein inaktiver Mensch und somit zum Unternehmer nicht geeignet.

○ **mithelfen will, die Welt im Kleinen zu ver-bessern**
Vergessen Sie das Ganze schnell, und spenden Sie das Geld, das Sie verlieren wollen, lieber an Kirche oder Kommunisten. So sparen Sie we-nigstens Zeit und Nerven.

○ **noch an Recht und Gesetz glaube**
Minderheiten genießen hin und wieder den Schutz des Gesetzes, aber das rettet Naive nicht vor dem Ruin.

○ **sehr harmoniebedürftig bin**
Unternehmer sein heißt, permanent mit Kon-flikten leben zu müssen.

○ **auf meinem Recht bestehe**
Rechthaber verlieren Zeit, Nerven und auch noch Geld. An all dem haben Sie als Unternehmer sowieso schon einen Engpass.

○ **ein ehrlicher Mensch bin**
Ehrlich schafft am längsten.

○ **ein guter Buchhalter bin**
Vermutlich viel zu kleinkariert. Sucht den Cent und hat dann keine Zeit mehr für Kunden und Konkurrenz.

○ **zu Höherem geboren bin**
Höheres gibt es nicht mehr in einer Demokratie, nur Reicheres.

Bürokratie-Überblick

Was?	Wer muss?	Wo?	Reaktion und Gesetz!	Was braucht man?
Gewerbeanmeldung (korrekt: Gewerbeanzeige)	jeder, der einen Gewerbebetrieb betreiben will.	Rathaus, im Gewerbeamt der Gemeindeverwaltung (Steueramt der Gemeinde)	§ 14 GewO	bei *erlaubnisfreiem Gewerbe*: Personalausweis und ca. 30,–; bei *erlaubnispflichtigem Gewerbe*: Auskünfte/Auszüge aus Führungszeugnis, Gewerbezentralregister, Konkursgericht, Schuldenverzeichnis; bei *genehmigungspflichtigem Gewerbe*: außer der besonderen Zuverlässigkeit müssen auch geordnete Vermögensverhältnisse usw. nachgewiesen werden (§ 34a, b, c, GewO) *Sachkunde* wird seltener benötigt, im Handel beispielsweise nur noch bei freiverkäuflichen Arzneimitteln, unedlen Metallen, Milch, Hackfleisch oder Waffen (!) bei *Gaststätten* muss eine eintägige Unterrichtung bei der IHK absolviert werden, deren Bedeutung kaum zu würdigen ist! (Gaststättengesetz) im *Handwerk* ist die Eintragung in die Handwerksrolle, die meist eine Meisterprüfung voraussetzt, notwendig. Hier ist die sachliche Voraussetzung am härtesten geregelt (§ 1 HandwO); *gefährliche Anlagen* brauchen besondere Genehmigungen (§ 24 GewO); im *Personenbeförderungsverkehrsgewerbe* ist ebenfalls eine Genehmigung erforderlich (§ 2 PBefG)
	miterfüllt wird dadurch die Meldepflicht durch Weiterleitung an	→ Finanzamt	Meldet sich mit Zuteilung einer Steuernummer und fragt nach Gewinn- und Umsatzsteuererwartung, will dadurch Einkommensteuervorauszahlungen festsetzen und Zeitraum für Umsatzsteuer-Voranmeldung, Gewerbesteuervorauszahlung	Fragebogen

		→ Berufsgenossenschaft		Fragt, ob Arbeitnehmer beschäftigt werden, und betont die Pflicht zu deren gesetzl. Unfallversicherung (§ 539 Abs. 1 Nr. 1 RVO und § 658 RVO)
		→ Gewerbeaufsichtsamt		Meldet sich, solange alles gutgeht, nicht, dann um so vehementer
				Fragebogen
		→ Industrie- und Handelskammer bzw. Handwerkskammer		Betont ihre Wichtigkeit und ihre kostenlose Mitgliedszeitung; bemerkt kurz die zwangsläufige Mitgliedschaft und deutet an, dass evtl. ein Beitragsbescheid gesondert zugeht.
Handelsregisteranmeldung	Vollkaufleute OHG, KG, GmbH	Amtsgericht	§ 2 HBG § 29 HGB	evtl. Notar
Lohnsteueranmeldung und -zahlung	alle, die AN beschäftigen	Finanzamt am Betriebssitz	§ 38 EStG	Wissen, Steuerfachkurs
Umsatzsteuervoranmeldung und -zahlung	alle, die umsatzsteuerpflichtig sind	Finanzamt am Betriebssitz	UStG	Wissen, Steuerfachkurs
Sozialversicherung (Renten-, Kranken-, Arbeitslosenvers.)	alle, die sozialversicherungspflichtige AN beschäftigen	Krankenkassen des betr. AN	RVO	Beratung bei AOK kostenlos
Genehmigung zur Ausbildung	viele, die Auszubildende einstellen wollen (nicht z. B. «Standesberufler»)	Kammern	BBiG HandwO	Ausbildungsberechtigung (persönl.) und sachliche Voraussetzungen, die im Rahmen der «Lehrstellenoffensive» immer stärker sinken
Reisegewerbe	wer außerhalb seiner gewerbl. Niederlassung oder ohne eine Niederlassung zu haben Waren oder gewerbl. Leistungen anbietet oder verkauft	Ortsbehörde	§ 145 GewO	gewisse Zuverlässigkeit, fester Wohnsitz ist günstig

Beispiel: Liquiditätsrechnung

	Quartal 1	Quartal 2	Quartal 3	Quartal 4	Ausstehende Forderungen
Einzahlungen					
Einzahlungen aus Umsatz***	5.000 €	20.000 €	30.000 €	40.000 €	10.000 €
Fremdkapital	50.000 €	0 €	0 €	0 €	
Eigenkapital	30.000 €	0 €	0 €	0 €	
Summe Liquiditätszugang	85.000 €	20.000 €	30.000 €	40.000 €	
Auszahlungen					
Fixkosten	15.000 €	15.000 €	15.000 €	15.000 €	
Variable Kosten*	1.000 €	4.000 €	6.000 €	8.000 €	
Investitionen	60.000 €	0 €	0 €	0 €	
Privatentnahme**	0 €	0 €	0 €	0 €	
Kredittilgung	0 €	0 €	0 €	0 €	
Summe Liquiditätsabgang	76.000 €	19.000 €	21.000 €	23.000 €	
Liquiditätssaldo	9.000 €	1.000 €	9.000 €	17.000 €	
Liquiditätssaldo (kumuliert)	9.000 €	10.000 €	19.000 €	36.000 €	

* Zahlungsziel für variable Kosten ist der Einnahmeperspektive angepasst.

** Die Privatentnahmen können durch Überbrückungsgeld des Arbeitsamtes / familiäre Unterstützung für die ersten 6 Monate deutlich reduziert werden.

*** Zahlungsziel und Zahlungsverzug sind berücksichtigt

Gliederung Businessplan

Warum langweilen Businesspläne?

1. zu lang und sprachlich dröge
2. fachchinesisch und zu detaillierte technische Beschreibung
3. unangenehm prahlerische Selbstdarstellung
4. Probleme und Schwachstellen werden unterschlagen
5. seitenweise Excel-Tabellen in Sechs-Punkt-Schriftgröße
Ergebnis: Der Leser versteht nicht, um was es geht und ärgert sich.

Pläne, die der Leser liebt

1. Aufmachung ein Hingucker
2. klare, übersichtliche Gliederung
3. vorne zwei Seiten Zusammenfassung
4. lebendige Sprache
5. kurze Sätze
6. Aufbau im journalistischen Stil: Wer? Was? Wann? Wo? Wie? Warum?

Phasenschema einer Unternehmensgründung

Einstiegsphase

Beschäftigung mit dem Gedanken an „Selbständigkeit", beeinflusst von der persönlichen Lebenssituation und dem Umfeld. Sporadische Abwägung diverser Gründungsideen auf Kneipengesprächsniveau. Mehr oder weniger klare Entscheidung für eine bestimmte Branche („irgendwas mit Obst"), mehr oder weniger abstrakter Beschluss, es zu versuchen. Häufige Hoffnung: „ein bisschen Selbständigkeit" – Zeh ins kalte Wasser.

Orientierungsphase

Viele zielgerichtete und zufällige Gespräche, Literaturbeschaffung, Besuch eines Gründungskurses. Immobilienteil der Zeitung gewinnt Bedeutung. Selektive Wahrnehmung von Nachrichten. Auswahl spezieller Sendungen und Zeitschriftenartikel. Gespräch mit Freunden über Teilhaberschaft oder Anstellung. Vorfühlen bei Banken, IHK usw. Erkenntnis, wie komplex alles ist. Konzentration auf das, was Spaß macht. „Traumphase" bis hin zur harmlosen (da zunächst folgenlosen) Euphorie.

Akutphase

Ein Ereignis tritt ein, das eine Entscheidung verlangt: Die Chance. Traumphase wird durch Bewusstwerden der Realität abgebrochen. Bisher harmlose Euphorie kann jetzt gefährlich werden. Beispiele: Räumlichkeiten werden angeboten; Geschäftsübernahme möglich. Entscheidungsdruck wird quälender, je schneller die Entscheidung verlangt wird, je geringer die Gründungseuphorie ist, je mehr Teilhaber beteiligt sind, je nüchterner das Umfeld reagiert (Familie, Freunde, Vermieter, Bank), je weniger das bisherige Leben quält (Beruf, Arbeitslosigkeit). Problem: Obwohl die Entscheidung jetzt zu treffen ist, besteht das Konzept weitgehend aus Fragmenten und Träumen.

Entschlussphase

Beendigung des belastenden Entscheidungsdrucks entweder durch eine klare Entscheidung für das Angebot oder – was zukünftig belastet – durch Zurückweisung des Angebots („verpatzte Gelegenheit"). Auch bei eigener negativer Entscheidung eventuell starkes Unbehagen, vor allem, wenn von anderen erzwungen („verpasste Chance"). Bei positiver Entscheidung zunächst kurze Erleichterung, da jetzt Klarheit. Beispiel: Vertrag ist unterschrieben.

Gründungschaos

Am Anfang wird noch sorgfältig geplant bzw. Zeit vergeudet. Am Ende ist das Chaos absolut. Alle an den Rand gedrängten, weil unangenehmen bzw. unwichtig scheinenden Probleme und Entscheidungen kommen jetzt mit solchen zusammen, die erst jetzt auftauchen. Nun werden sie überstürzt gelöst und/oder bleiben ungelöst. „Stunde der Überwirte", die schnelle Lösungen versprechen und zur schnellen Unterschrift verführen. Konzeptionslose Delegation von Aufgaben zur Eigenentlastung. Flucht aus der tonnenschwer lastenden Verantwortung.

Eröffnung

Unter beängstigendem zeitlichen Druck lebt der Gründer nur noch für ein Datum: Geschäftseröffnung. Ähnlich dem Hochzeitstag wird alles viel weniger tragisch, als befürchtet. Aber: Die Eröffnung ist meist äußerst unvollkommen (nicht nur an den eigenen Ansprüchen gemessen), da bis zum Schluss mehr Energie für das Putzen der Räume vergeudet wird, als für eine sinnvolle Ablaufgestaltung. Steife bis peinliche Ouvertüre. Abschluss des Eröffnungstages führt zur entspannenden Erleichterung des Gründers.

Vollspannungsphase

Am nächsten Tag dämmert - ähnlich wie nach einer Kindsgeburt - die Erkenntnis, dass mit der Eröffnung erstmals ein neuer, „geregelter" Tagesablauf begonnen hat. Geregelt zunächst nur formal („Öffnungszeiten"), was zur äußeren Disziplin zwingt trotz fortdauerndem innerem Chaos. Betriebsabläufe noch völlig dilettantisch. Anspruch und Wirklichkeit geraten in Konflikt. Euphorie und Resignation bei der Kundengewinnung wechseln sich ab. Klare Einschätzungen fehlen. Kritik dennoch unerwünscht. Prinzip des „Später". Angst im Nacken erzeugt ständige Stresssituation. Überwirte, die bisher geschlafen haben, wachen auf und suchen ihr Glück.

Routinephase

Allmählich entwickelt sich eine gewisse innere Ordnung, auf welchem sinnvollen oder sinnlosen Niveau auch immer. Träume werden zunehmend der Realität geopfert, Ansprüche – meist unbewusst – aufgegeben. Gründer hat eine gewisse Sicherheit gewonnen. Ruhephasen werden möglich, selten jedoch dafür genutzt, Fehlentwicklungen zu korrigieren oder zu reflektieren. Angst vor dem Rückfall ins Chaos. Erste – oft trügerische – Phase finanzieller Überschaubarkeit nimmt Existenzangst.

Alltag

Ordnung hat sich gefestigt. Stärken und Schwächen des Unternehmens und seiner Organisation sind zum täglichen Leben geworden, akzeptiert von den noch verbliebenen Kunden, Partnern und dem Personal. Träume sind weitgehend der Realität gewichen. Alltagstrott wird nur durch besondere Ereignisse durchbrochen. Finanzen überschaubar, sofern nicht ein Damoklesschwert droht (Finanzamt, Tilgungen, Neuanschaffungen). Je größer die Frustration, desto entscheidender wird der Faktor Geld. Ökonomisierung. Frage des „Lohnt sich das?" und des „Wofür?" Rationalisierung. Fehlersuche mit Profitinstinkt. Entwicklung der üblichen Verhaltensweisen von Kleinunternehmern.

Glücksphase

Da die Sicherheiten nicht ausreichen und der Optimismus trotzdem groß ist, starten fast alle Gründer unterkapitalisiert und merken es nicht mal. Denn: Die Kreditlinie ist endlich eingeräumt und scheint unendlich hoch. Der Unternehmer nutzt das Girokonto daher auch heftig zur privaten Wunscherfüllung. Hi-Fi-Anlage, Designer-Möbel und ein standesgemäßer Wagen sind angesagt. Die betrieblichen Einnahmen werden es schon richten.

Vorphase

Geld wird knapper. Das Minus auf dem Girokonto übersteigt am Monatsende regelmäßig die eingeräumte Kreditlinie. Das Konto fängt sich aber im weiteren Verlauf stets wieder. Die Bank spielt stillschweigend mit. Rechnungen werden pünktlich bezahlt. Umsatzsteuervoranmeldungen großzügig zu eigenen Gunsten geschätzt. Vorauszahlungen auf die Einkommensteuer werden vermieden. Rückstellungen für Risiken oder Neu- und Ersatzinvestitionen sind kein Thema.

Situationsverschärfung

Es tritt ein stets als schicksalhaft empfundenes Ereignis ein, dem der Gründer später alle Schuld gibt: Umsatzeinbruch, Forderungsausfall, Eintritt eines Risikofalls, Flucht des Ehepartners oder auch nur Notwendigkeit von Neuanschaffungen. Die Lage wird erstmals kritisch. Girokontominus übersteigt dauerhaft die eingeräumte Kreditlinie.

Zahlungen werden verzögert, den eigenen Forderungen wird wild hinterher telefoniert.

Warnphase I

Die Überziehung erreicht die (interne) Kreditlinie (Schmerzgrenze) der Bank. Eine kleine Bankangestellte (Kontoführerin) wird vom Kreditbanker beauftragt anzurufen: keine Kompetenz, aber stupide Fragen und sanfte Warnungen. Erste Aktenvermerke für den Kreditbanker werden erstellt. Der Geldautomat verweigert gelegentlich die Auszahlung. Der Unternehmer gerät erstmals in Panik: Nervosität belastet Kundenkontakt. Hektisches Bemühen um Neukundengewinnung um jeden Preis.

Warnphase II

Überweisungsaufträge werden tagelang zurückgehalten oder zum Teil ohne weitere Vorwarnungen postwendend von der Bank zurückgeschickt. Der Kunde wird zum Schuldner. Erste Panikreaktionen. Versuch, wichtige Überweisungen per Bareinzahlung durchzuführen (Telekom, Finanzamt, Krankenkasse, Löhne). Alle anderen Lieferanten werden hingehalten. Unternehmer geht nicht mehr selbst ans Telefon und lässt sich verleugnen. Kundenakquisition leidet darunter erheblich.

Warnphase III

Gespräch mit dem Kreditbanker. Dieser fordert: Hosen runter, Erklärungen, Listen, neue DATEV-Auswertungen. Im positivsten Fall gewährt er dafür: befristete Linienerweiterung, Tilgungsaussetzung, Kreditstreckung, Umschuldung. Selten und nur gegen Sicherheiten dauerhaft frisches Geld. Erste Lieferanten werden unruhig und verweigern weitere Lieferungen. Lieferantenvertröstung, Lieferantenwechsel. Unternehmer beginnt sich zu verstecken und Kontakte zu meiden. Keine Neukunden-Akquisition mehr. Kunden mahnen Leistungen an. Unternehmer bittet sie um Vorschuss.

Erste Akutphase

Das Konto ist dicht. Überweisungen werden nicht mehr ausgeführt, Abhebungen nicht mehr akzeptiert. EC-Karte wird gesperrt, per Geldautomat eingezogen. Geldeingänge auf dem Konto werden einbehalten. Bankgebühren, Zinsen und Tilgungen anderer Kredite werden dagegen munter weiterbelastet. Das Konto ist nicht mehr funktionsfähig. Unternehmer reagiert mit Umlenkung des Zahlungsverkehrs im Eilverfahren auf neue Kontenverbindungen. Vorsorglich beantragt er bei anderen Instituten neue EC- und Kreditkarten. Seine Nerven sind auf's äußerste gespannt. Er meidet Direktkontakt zu Lieferanten und Banken. Frisches Geld besorgt er sich durch die Nichtabführung von Umsatzsteuer, Lohnsteuer und den Sozialversicherungsbeiträgen der Arbeitnehmer. Erste Lieferanten erlassen Mahnbescheide. Erster Auftritt des Gerichtsvollziehers – ein denkwürdiges Ereignis und viel undramatischer als gedacht. Gerüchte verbreiten sich und führen zu massiver Kundenflucht.

Zweite Akutphase

Die Hausbank bemerkt die Bewegungslosigkeit auf dem Girokonto und droht mit Kreditkündigung. Unerfreuliches Bankgespräch mit dem Kreditbanker. Vorwurf des Vertrauensbruchs. Tilgungsvereinbarungen werden aufgestellt. Bank bildet Wertberichtigungen, sondiert die Verwertungsmöglichkeit vorhandener Sicherheiten und fordert ultimativ weitere Sicherheiten. Gefährlichste Phase für den Gründer, da er keine Klarheit über sein weiteres Vorgehen hat und daher eventuell sogar bereit ist, der Bank weitere Sicherheiten zu geben, die er nie mehr wiedersehen wird. Gefährlichste Phase auch für Familie und Freunde, die flehentlich um Geld und Bürgschaft angepumpt werden. Frage nach den Chancen stellt sich. Spätester sinnvoller Termin für eine Sanierungsberatung.

Krise

Der Tilgungsplan wird nicht eingehalten. Erste Pfändungsversuche von Gläubigern gehen bei der Bank ein. Die Krankenkasse beginnt, ungemütlich zu werden und droht mit Konkursantrag. Sie wird daher, soweit noch möglich, weit vor dem Finanzamt bedient. Kreditbanker zeigt sich in einem weiteren Gespräch plötzlich versöhnlich. Die Zinsen des Dispositionskredits werden auf Minimalniveau gesenkt, gegen das Versprechen neuer Tilgungsleistungen. Jedoch strikte Befristung jedes Zugeständnisses auf wenige Monate. Keinen Cent frisches Geld. Kreditakte wandert in die Rechtsabteilung.

Depression

Die Kredite werden gekündigt. Ultimativ fordert die Bank die sofortige Rückführung aller geliehenen Gelder und beschließt, den Vollziehungsakt einzuleiten. Weitere Aktivitäten hängen davon ab, wann in der Rechtsabteilung der Bank mal keiner krank oder im Urlaub ist. Mittlerweile ist auch das Finanzamt aufgewacht und wird schnell massiv. Mahnbescheide und Vollstreckungsbescheide durch eigene Vollstrecker mit dem Ziel, sich vorrangig Vermögenswerte zu sichern. Auch die kleinen Gläubiger gehen mit mehr oder weniger brachialen Mitteln gegen den Unternehmer vor. Dieser fängt an, sich und sein Vermögen zu verstecken und zu übertragen. Geldeintreiber, Gerichtsvollzieher, militante Kleingläubiger belagern Unternehmen und Privatwohnung. Jeder hofft, noch etwas zu bekommen. Zeitdauer bis zum Vollstreckungstitel in der Praxis: 6 Monate bis 2 Jahre. Unternehmer ist im täglichen Geschäft praktisch nicht mehr handlungsfähig. Permanenter Lieferantenwechsel führt zu Lieferungsausfällen bei eigenen Kunden. Eventuell sind bereits erste Forderungen gepfändet worden, was seine Zuverlässigkeit erkennbar einschränkt. Gerüchte werden zur Gewissheit. Das Personal sucht, ob bezahlt oder nicht, das Weite. Der Unternehmer ist nervlich am Ende und kaum noch berechenbar. Die schlimmste Phase hat begonnen.

Das Leben nach dem Tod

Bereits lange vor der eidesstattlichen Versicherung kann der Unternehmer ein zweites Leben beginnen, wenn Werte rechtzeitig zur Seite gebracht wurden, oder frisches Kapital, das klugerweise zurückgehalten wurde, eine neue Basis sichert. Das muss nicht viel sein. Denn: Jeder Euro ist jetzt dreimal soviel wert. Aber ob es so kommt, hängt vom Unternehmer selbst ab. Mit der Auflösung des alten Unternehmens folgt entweder der persönliche Zusammenbruch oder, und hier zeigt sich wahre Unternehmereigenschaft, bereits die Geburt eines neuen, nunmehr vielleicht besser geplanten Unternehmens. Realistische Gesamtdauer von der ersten bis zur letzten Phase: minimal 2, maximal 6 Jahre.

Absatzmengen: Zahl der verkauften Produkte (in Mengeneinheit gerechnet, z. B. Stück).

Abschreibung: buchmäßige Erfassung des Wertverlusts, z. B. Pkw. Überhöhte Abschreibung führt zu stillen Reserven, d. h., der Pkw ist mehr wert, als im Buch steht.

Anfangsverluste: Verluste, die durch hohe Kosten und noch mangelhafte Erlöse am Anfang typisch sind.

Anlagevermögen: der Teil des Vermögens, der dauerhaft im Betrieb zu bleiben bestimmt ist (z. B. Schreibtisch).

„Anzeigenfriedhof": der Teil der Zeitung, in dem ausschließlich Anzeigen stehen.

Bedarf: der Teil der Bedürfnisse, zu deren Deckung genügend Kaufkraft vorhanden ist.

Bedürfnis: allgemeine Wünsche der Nachfrager.

Betriebsmittelkredit: Für den Betrieb eingeräumte Kreditlinie auf dem Girokonto, d. h., er kommt ins Soll. Zins wird mit der Bank vereinbart. Überzieht der Betrieb die Kreditlinie (was viele Banken heute gar nicht mehr zulassen), so steigt der Zins für diese Überziehung erheblich.

Betriebsstoffe: Stoffe, die bei der Produktion nötig sind, jedoch nicht in die Waren eingehen (z. B. Schmieröl für Holzverarbeitungsmaschine).

Bonität: finanzielles Ansehen eines Unternehmens oder eines Privatmannes. Heute mit Rating bestimmt.

Break-even-Point: bestimmte Absatzmenge

(oder Umsatz), deren Überschreitung Gewinn bedeutet.

Darlehen: mittel- oder langfristige Verbindlichkeiten.

Deckungsbeitrag: der Teil des Erlöses, der über die variablen Kosten hinausgeht und damit zur Deckung der Fixkosten beiträgt.

Disagio (= Abgeld, Damnum): der Teil des Kredits, der gar nicht erst ausgezahlt wird (steuerliche und Bonitätsgründe).

Doppelte Buchführung: Zahlungssystem, in dem jeder Geschäftsvorfall zweimal erfasst (gebucht) wird und daher der Gewinn sich doppelt ermitteln lässt. Differenzen bringen den Buchhalter zur Verzweiflung.

Dumping: Verkauf unter Einstandspreis, d.h. z.B., man kauft Bananen für 1 € / kg und verkauft sie für 0,50 € / kg.

Durchschnittsteuersatz: Steuersatz, dem das gesamte Einkommen unterliegt (z.B.: 23,1 % von 40 000 €).

Einnahme-Ausgabe-Überschussrechnung: einfache Form der Buchführung, die nur Einnahmen und Ausgaben erfasst.

Exposé: Kurzbeschreibung, z.B. zur Darstellung der geplanten Gründung. Auch Konzept, Businessplan, Geschäftsplan genannt.

Extensive Kaufentscheidung: Kauf, der nach langer (nicht unbedingt rationaler) Nachdenkzeit getätigt wird.

Fixkosten: Kosten, die von den Produktions- oder Verkaufsmengen unabhängig sind und stets in gleicher Höhe anfallen (z.B. Miete, Nachtwächter).

Fixkostendegression: sinkende Stückfixkosten bei höherer Ausbringung. Der Nachtwächter stellt z. B. fixe Kosten von 2 000 € / Monat dar. Bei monatlicher Produktion von 1 000 Autos ist jedes Auto mit 2 € Fixkostenanteil Nachtwächter belastet. Verdoppelt sich die Autoproduktion, so halbieren sich die Nachtwächterkosten auf 1 € pro Auto.

Forderungen: Geld, das man vom Kunden kurzfristig zu bekommen hat.

Freiberufler: unterscheidet sich vom Gewerbetreibenden dadurch, dass ohne seine persönliche Arbeitsleistung der Geschäftsverkehr nicht aufrechterhalten werden könnte (z. B. Arzt, Steuerberater, Künstler). Da Freiberufler nicht gewerbesteuerpflichtig und nur zur einfachen Überschussrechnung verpflichtet sind, ist der Status heiß begehrt und durch zahlreiche Gerichtsurteile definiert. Nachteil: Freiberufler können nur als BGB-Gesellschaft, PG oder GmbH gemeinsam Geschäfte führen.

Grenzsteuersatz: Steuersatz, der auf dem letzten Euro des Einkommens lastet (z. B.: 36,4 % auf dem 40 000sten Euro).

Grundrente: Miete, die stets vom Bodenwert und vom Gebäudewert abhängig ist.

Haben: rechte Seite von Konten in der „doppelten Buchführung". Sinnvolle Erklärungsversuche des Wortes stets sinnlos.

Handelsspanne: Umsatzanteil, der bei einer Ware nach Abzug des Einkaufspreises, für das Unternehmen übrig bleibt, gerechnet in Prozent: [Umsatz (netto) – Einkaufspreis (netto)] x 100 ÷ Umsatz (netto)

Doch Vorsicht: Das gilt nur bei einem Totalverkauf innerhalb eines Jahres. Meist bleibt Ware im Lager liegen, wird gestohlen oder beschädigt. Daher muss eine Inventur durchgeführt werden, die die Spanne nach unten korrigiert.

Hilfsstoffe: zur Verarbeitung bestimmte Stoffe, die Nebenbestandteile der Waren werden (z. B. Leim für Möbel).

Illiquidität: Zahlungsunfähigkeit, die zur Insolvenz führen kann.

Impulskauf: Kauf, der aus einem spontanen Bedürfnis heraus getätigt wird.

Inflation: Geldentwertung.

Insolvenz: Zahlungsunfähigkeit, die zum Konkurs führt.

Ist-Zahlen: die tatsächlich eingetretenen Umsätze, Kosten etc.

Käuferpotential: Anzahl und Zusammensetzung möglicher Käufer.

Kalkulatorische Kosten: Kosten, die nicht zu Ausgaben führen, aber dennoch in der betrieblichen Kalkulation anzusetzen sind (z. B. die unentgeltliche Arbeitsleistung der Familie).

Kapital: im Unternehmen steckende Geld- und Sachwerte.

Kaufkraft: der Teil des Einkommens, über den noch frei verfügt werden kann (vagabundierende Kaufkraft).

Kommissionsgeschäft: Einzelhändler übernimmt die Ware nur versuchsweise und bezahlt nur, was er selbst verkauft. Ware bleibt also im Eigentum des Großhändlers bzw. Produzenten, der dies als einzige Möglichkeit sieht, ins Geschäft zu kommen. Es werden nur Kommissionszettel ausgeschrieben (Lieferscheine), die Gesamtrechnung erst am Jahresende erstellt oder – aus Steuergründen – „vergessen".

Kompetenzgrenze: festgelegter Spielraum, bis zu dem ein Mensch ohne seinen Vorgesetzten entscheiden darf.

Konkurs: Pleite, amtlicher Eingriff zur Verwertung der noch vorhandenen Vermögensmasse und Aufteilung unter den Gläubigern nach festgelegten Riten.

Konsument: Käufer, der für den privaten Verbrauch kauft.

Konsumentenrente: der Teil des Betrags, um den der Preis unter der Toleranzgrenze des Kunden liegt. Beispiel: Eine Kundin würde bis zu 40 € für eine Kosmetikbehandlung zahlen. Sie kostet jedoch nur 30 €. Konsumentenrente: 10 €.

Kontierung: Zuordnen von Geschäftsvorfällen auf Buchhaltungskonten.

Kosten: betrieblich bedingter Leistungsverzehr einer Periode.

Kostpreis: Gesamtkosten für ein Produkt, d. h. fixe und variable Kosten.

Kreditbedienung (= Kapitaldienst): Zinszahlung und Tilgung.

Kundenpotential: Anzahl und Zusammensetzung möglicher Kunden. Lage: nähere Ortsbestimmung innerhalb des Standorts, z. B. Zentrumslage (geographisch bestimmt) oder Lauflage (durch Passantenfrequenz bestimmt).

Leasing: Miete, meist von Maschinen oder Kraftfahrzeugen. Kaufoption nach Ablauf des Leasingvertrages üblich.

Liquidität: Fähigkeit des Unternehmens, seinen Zahlungsverpflichtungen rechtzeitig nachzukommen. Auch: „Flüssigkeit".

Marktlücke: fehlendes Angebot, das von den Konsumenten sowohl gewünscht würde als auch bezahlt werden könnte. Nicht entscheidend ist, ob dem Konsumenten die Marktlücke bewusst ist oder nicht.

Mehrwertsteuer (= Umsatzsteuer): Steuer, die der Unternehmer beim Verkauf erhebt (19 % bzw. 7 %) und an das Finanzamt abführen muss. Bruttoverkaufspreis der Ware ist damit 119 % bzw. 107 %.

Nachfrager: kann Konsument (privat) oder gewerblicher Verbraucher sein.

Obligo: Verpflichtung, etwas zu tun (z. B. Mindestabnahmeverpflichtung).

Opportunitätskosten: Kosten des entgangenen Gewinns. Nutzt man ein Ladengeschäft im eigenen Haus selbst, so entgeht einem die sonst mögliche Mieteinnahme.

Option: Möglichkeit, etwas zu bekommen (z. B. Vorkaufsrecht).

Passiv: Haben.

Profit: in Deutschland meist vermiedener Begriff für Gewinn.

Rentabilität: Profitträchtigkeit des Unternehmens.

Rentier: kein Nutztier der Lappländer und auch kein Tippfehler, sondern ein Mensch, der von den Erträgen seines Vermögens lebt, und zwar unabhängig von der Altersgrenze (sonst: Rentner!).

Revision: Kontrolleure im Großunternehmen.

Ähnlich gefürchtet wie der Bundesrechnungshof im Öffentlichen Dienst.

Risikofinanzierung: Kredite oder Beteiligungen, die ohne besondere Sicherheiten und auf den erhofften Erfolg des Projekts hin vergeben werden. In Deutschland eher unterentwickelt (Venture Capital, VC), weshalb darauf kaum ein Anfänger hoffen darf.

Rohstoffe: zur Verarbeitung bestimmte Stoffe, die Hauptbestandteile der Waren werden (z. B. Holz für Möbel).

Routinekauf: Kauf, der gewohnheitsmäßig und ohne großes Nachdenken getätigt wird.

Signet: charakteristisches graphisches Zeichen des eigenen Unternehmens. Auch *Logo* oder *Firmenzeichen* genannt.

Skonto: Rabatt bei vorzeitiger Zahlung.

Soll: linke Seite von Konten in der „doppelten Buchführung". Sinnvolle Erklärungsversuche des Wortes stets sinnlos.

Soll-Zahlen: was wir uns so an Umsatz, Kosten etc. gedacht hatten.

„Sommerloch": steht für umsatzschwache Jahreszeiten und liegt für Badeartikel natürlich im Winter.

Standort: allgemeine Ortsbestimmung, z. B. Mainz, Südwestdeutschland, Küstenregion.

Stille Reserven: der den Buchwert übersteigende Teil des tatsächlichen Wertes. Z. B. steht ein PKW mit 500 € in der Bilanz. Es hat jedoch einen Verkehrswert von 4 000 €. Die 3 500 € Differenz sind stille Reserven.

Teilmarkt: abgrenzbarer Teil unseres Gesamtmarktes.

Testmarkt: Teilmarkt, auf dem wir diverse Maßnahmen (z. B. Werbung, Preis, Gestaltung) testen.

Thesaurierung: Belassung der Gewinne in der Kapitalgesellschaft. Das Gegenteil: Ausschüttung.

Tilgung: Rückzahlung eines Kredits.

Umlaufvermögen: der Teil des Vermögens, der den Betrieb nur durchläuft und zum Verkauf oder Verbrauch bestimmt ist (z. B. Waren, Rohstoffe, Benzin).

Umsatz: Erlös der verkauften Produkte in Werteinheiten gerechnet, z. B. €.

Umschlagsgeschwindigkeit: Zeit, die vergeht, bis der Bestand des Warenlagers verkauft ist. Beispiel: 1 Mio. € Warenumsatz / Jahr bei durchschnittlich 100 000 € Lagerbestand. Warenlager schlägt also 10 mal / Jahr um (Umschlagshäufigkeit). Bei 360 Tagen pro Jahr ist daher die Umschlagsgeschwindigkeit 360 ÷ 10 = 36 Tage.

Umschuldung: ein neuer Kredit löst den alten ab.

Variable Kosten: Kosten, die mit der Produktions- oder Verkaufsmenge variieren (z. B. Materialkosten, Personalkosten für eine Bedienung, die auf der Basis von Umsatzprozenten ohne garantiertes Fixum arbeitet).

Verbindlichkeiten: Geld, das man jemandem kurzfristig schuldet.

Vorlaufkosten: alle Kosten, die im Rahmen der geplanten Unternehmensgründung vor der Gewerbeanmeldung entstehen.

Vorsteuer: Steuer, die der Unternehmer beim Einkauf zahlen muss (19 % bzw. 7 %). Wird bei der

Umsatzsteuervoranmeldung von der an das Finanzamt abzuführenden Umsatzsteuer des Erlöses abgezogen.

Werbeträger: Medium, das unsere Werbung trägt, z. B. Zeitung, Handzettelverteilung, TV.

Waren: zum Verkauf bestimmte Fertigprodukte.

Zielgruppe: der Teil der Nachfrager, den wir als Käufer im Auge haben und entsprechend umwerben.

Wie werde ich Unternehmer?

Seminare und Beratung
mit / von Hans Emge
zu Existenzgründung und
Selbständigkeit

Informationen und aktuelle Termine
online:

www.wie-werde-ich-unternehmer.de

Oder von:

AG Unternehmensgründung
Hans Emge
Liebigstr. 6a
65439 Flörsheim am Main
Fon: (06145) 88 81
Fax: (06145) 5 21 56
Email: ag-dagobert@t-online.de

bzw.

GIK Gestalt-Institut Köln
Rurstr. 9
50937 Köln
Fon: (0221) 41 61 63
Fax: (0221) 44 76 52
Email: gik@gestalt.de

GTI-Coaching

Der **Gestalttypen-Indikator (GTI)** ist ein innovatives, computergestütztes Diagnose-Instrument. Er hilft Ihnen dabei, persönliche Wachstumsschranken zu überwinden.

GTI-Coaching ist

- Ermutigung zur Selbständigkeit
- Reduzierung von Selbstbeschränkungen (z. B.) im beruflichen Kontext
- Stärkung der Unternehmer-Persönlichkeit

GTI-Coaching besteht aus GTI-Test mit Auswertung und individueller Beratung. In intensiver Blockform (4 Trainingseinheiten z. B. an einem Nachmittag oder Abend) bei zertifizierten GTI-Coaches.

Bitte Infomaterial anfordern:
GIK Gestalt-Institut Köln
Rurstr. 9, 50937 Köln
Fon: (0221) 41 61 63
Fax: (0221) 44 76 52
Email: gik@gestalt.de

Stefan Blankertz,
**Wenn der Chef
das Problem ist:**
Ein Ratgeber
aus der Reihe
GIK-Business –
in einer
besonders
aufwändig
gestalteten
Ausgabe:
gebunden und
mit Lese-
bändchen.
249 S., 24,90 €

Für Viele gehört das hemmungslose Herziehen über den Chef oder die Kollegen zum Arbeitsalltag – aber ändert sich dadurch etwas?

In diesem Buch geht es darum, die Ursachen zermürbender Dauerkonflikte am Arbeitsplatz aufzudecken und die Möglichkeiten für ein besseres Miteinander auszuloten. Ziel ist es dabei nicht, Konflikte zu vermeiden, sondern sie in produktive Bahnen zu lenken.

Für diese Ausgabe wurde das 1999 von Stefan Blankertz veröffentlichte Buch »Wenn der Chef das Problem ist« vor allem um viele Gestalt-Experimente erheblich erweitert und überarbeitet.

Edition des Gestalt-Instituts Köln / GIK Bildungswerkstatt im Peter Hammer Verlag

Gestalttherapie – Einführungen

Erhard Doubrawa und Stefan Blankertz,
Einladung zur Gestalttherapie:
Eine Einführung mit Beispielen, 104 Seiten, € 10,50

Erhard Doubrawa, **Die Seele berühren:**
Erzählte Gestalttherapie, 123 Seiten, € 11,90

Daniel Rosenblatt, Erhard Doubrawa, Stefan Blankertz,
Gestalt Basics.
Zwei Einführungen in einem Band: »Gestalttherapie für
Einsteiger« (Rosenblatt) sowie »Einladung zur
Gestalttherapie« (Doubrawa / Blankertz),
192 Seiten, gebunden, € 18,50

Gestalttherapie – Bibliothek

Stephen Schoen, **Die Nähe zum Tod macht großzügig:**
Ein Therapeut als Helfer im Hopiz, 103 Seiten, € 12,90

Stephen Schoen, **Wenn Sonne und Mond Zweifel
hätten:** Gestalttherapie als spirituelle Suche,
118 Seiten, € 11,90

Stephen Schoen, **Greenacres:**
Ein Therapie-Roman,
289 Seiten, € 16,90

Arnold Beisser, **Wozu brauche ich Flügel?**
Ein Gestalttherapeut betrachtet sein Leben als Gelähmter,
156 Seiten, € 13,90

Barry Stevens und Carl R. Rogers,
Von Mensch zu Mensch, 261 Seiten, € 18,90

Daniel Rosenblatt, **Zwischen Männern:**
Gestalttherapie und Homosexualität, 204 Seiten, € 13,90

Judith R. Brown, **Zwei in einem Sieb:**
Märchen als Wegweiser für Paare,
192 Seiten, gebunden, € 18,90

Gestalttherapie – Klassiker

Frederick S. Perls, **Was ist Gestalttherapie?**,
140 Seiten, € 14,90

Laura Perls, **Meine Wildnis ist die Seele des Anderen:**
Im Gespräch mit Daniel Rosenblatt u. a., hg. von Anke und
Erhard Doubrawa, 248 Seiten, gebunden, € 21,90

Erving und Miriam Polster, **Gestalttherapie:**
Theorie und Praxis der integrativen Gestalttherapie,
352 Seiten, € 18,90

Erving und Miriam Polster, **Das Herz der
Gestalttherapie:** Beiträge aus vier Jahrzehnten,
389 Seiten, € 21,90

George Dennison, **Gestaltpädagogik in Aktion,**
hg. und mit einem Nachwort von Stefan Blankertz,
393 Seiten, € 24,90

James S. Simkin, **Gestalttherapie:** Minilektionen für
Gruppen und Einzelne, 136 Seiten, € 12,90

Barry Stevens, **Don't Push the River:** Gestalttherapie an
ihren Wurzeln, 261 Seiten, € 19,90

Anke und Erhard Doubrawa (Hg.), **Erzählte Geschichte
der Gestalttherapie:** Gespräche mit Gestalttherapeuten
der ersten Stunde, 256 Seiten, € 14,90

Gestalttherapie – Arbeitsbücher

Bernd Bocian, **Fritz Perls in Berlin 1893-1933:**
Expressionismus – Psychoanalyse – Judentum,
380 Seiten, € 28,90

Gordon Wheeler, **Jenseits des Individualismus:**
Für ein neues Verständnis von Selbst, Beziehung und
Erfahrung, 348 Seiten, € 29,90

Gordon Wheeler / Stephanie Backman (Hg.),
Gestalttherapie mit Paaren, 376 Seiten, € 25,50

Michaela Pröpper, **Gestalttherapie mit Krebspatienten:**
Eine Praxishilfe zur Traumabewältigung,
202 Seiten, mit 4-farbigen Abbildungen, € 22,90

Stefan Blankertz, **Gestalt begreifen:** Ein Arbeitsbuch zur
Theorie der Gestalttherapie, 160 Seiten, € 20,50

Stefan Blankertz und Erhard Doubrawa, **Lexikon der
Gestalttherapie,** 347 Seiten, € 19,90

Erhard Doubrawa und Frank-M. Staemmler (Hg.),
Heilende Beziehung: Dialogische Gestalttherapie,
230 Seiten, € 21,90

Frank-M. Staemmler und Werner Bock,
Ganzheitliche Veränderung in der Gestalttherapie,
150 Seiten, € 21,90

Robert L. Harman (Hg.), **Werkstattgespräche
Gestalttherapie:** Mit Gestalttherapeuten im Gespräch,
191 Seiten, € 20,90

GIK-Business

Hans Emge, **Wie werde ich Unternehmer?**
GIK-Businessguide Existenzgründung und
Selbständigkeit, 247 Seiten, € 20,00

Stefan Blankertz, **Wenn der Chef das Problem ist:** Ein
Ratgeber, 249 Seiten, gebunden, € 24,90

Heilende Texte

**Heilende chassidische Schriften: Martin Buber für
Gestalttherapeutinnen und Gestalttherapeuten,**
herausgegeben, eingeleitet und kommentiert von
Cornelia Muth, 105 Seiten, gebunden, € 14,90

Meister Eckhart, ausgewählt und kommentiert von Stefan
Blankertz, herausgegeben und eingeleitet von Erhard
Doubrawa, 171 Seiten, gebunden, € 14,90

Gestalttherapie

Workshops, Gruppen, Beratung, Aus- und Weiterbildung
für Menschen mit professionellem Weiterbildungsinteresse und für alle,
die persönliche Wachstumswünsche haben.

Ausbildung

Aus- und Weiterbildung in **Gestalttherapie**
und **Gestalt-Coaching:**
Termine bitte erfragen.

Zeitschrift

Gestaltkritik – die Zeitschrift für Gestalttherapie:
Viele Artikel und das aktuelle Programm
des Gestalt-Instituts Köln / GIK Bildungswerkstatt.

Gestalttherapie im Internet:
Artikel aus der »Gestaltkritik«,
Leseproben aus unseren Büchern und
das aktuelle Veranstaltungsprogramm

Gestalt-Institut Köln / GIK Bildungswerkstatt
Institutsleitung: Erhard Doubrawa
Staatlich anerkannte Einrichtung der Weiterbildung
Rurstraße 9 · 50937 Köln (Nähe Uniklinik)
Fon: (0221) 416163 · Fax: (0221) 447652
eMail: gik@gestalt.de
www.gestalt.de

Praxisadressen von Gestaltthe-rapeutinnen und -therapeuten

Liste
nach Postleitzahlen und
weitere Infos
...im Internet:

www.therapeutenadressen.de

www.gestalttherapie.de

...oder für
1,45 € in Briefmarken:

**Therapeutenadressen Service
Rurstraße 9, 50937 Köln**